AF783421

FORSCHUNGSBERICHTE DES LANDES NORDRHEIN-WESTFALEN

Nr. 1350

Herausgegeben
im Auftrage des Ministerpräsidenten Dr. Franz Meyers
von Staatssekretär Professor Dr. h. c. Dr. E. h. Leo Brandt

DK 669.046.5:620.18:548.5

Prof. Dr. phil. Karl Löhberg, Berlin
Dipl.-Ing. Klaus Röhrig, Berlin
Dr.-Ing. Peter Sahm, Levittown, Penna. USA

Institut für Gießereikunde der Technischen Universität Berlin
Im Auftrage des Vereins Deutscher Gießereifachleute Düsseldorf

Über die Keimbildung in unlegiertem Kupfer und unlegiertem Eisen

Springer Fachmedien Wiesbaden Gmbh 1964

ISBN 978-3-663-06435-0 ISBN 978-3-663-07348-2 (eBook)
DOI 10.1007/978-3-663-07348-2

Verlags-Nr. 011350

© 1964 by Springer Fachmedien Wiesbaden

Ursprünglich erschienen bei Westdeutscher Verlag, Köln und Opladen 1964
Gesamtherstellung: Westdeutscher Verlag

Inhalt

0. Einleitung

Die kristalline Erstarrung von Metallschmelzen geht von kleinsten Teilen der neuen Phase, sogenannten Keimen, aus. Die Gesetzmäßigkeiten der Keimbildung wurden von M. Volmer und A. Weber [1], R. Becker und W. Döring [2] sowie in neuerer Zeit von D. Turnbull und Mitarbeitern [3–5] theoretisch entwickelt und durch Versuche belegt. Eine Zusammenfassung geben D. Amman und W. Patterson [6].

Die spontane Keimbildung, bei der Keime sich aus den Atomen des Metalls in der Schmelze bilden, ist in der Nähe der Erstarrungstemperatur ein sehr unwahrscheinlicher Vorgang. Die dennoch bei dieser Temperatur einsetzende Kristallisation geht fast ausschließlich von »Fremdkeimen«, das heißt von in der Schmelze suspendierten Phasen, von Tiegelwänden oder von anderen Fehlstellen in der Schmelze aus.

Jeder wirksam gewordene Keim wächst zu gewöhnlich einem Korn aus, so daß die Zahl der Keime den Aufbau des Erstarrungsgefüges entscheidend mitbestimmt.

Sind keine wachstumsfähigen Keime vorhanden, so wird die Schmelze unter ihren Schmelzpunkt unterkühlt und verbleibt in diesem metastabilen Zustand so lange und bis zu so tiefen Temperaturen, bis eine Keimbildung auftritt.

Aus diesen Zusammenhängen ergibt sich, daß man aus Unterkühlbarkeit und Erstarrungsgefüge eines Metalls Rückschlüsse auf die Keimbildung einer Metallschmelze ziehen kann.

In dieser Arbeit sollen an Hand von *Unterkühlungsmessungen und Gefügeuntersuchungen an Kupfer und Eisen* die Keimbildungsverhältnisse in diesen beiden Metallen untersucht und eine Identifizierung der wirkenden Fremdkeime versucht werden.

1. Meßverfahren

1.1 In der Literatur beschriebene Meßverfahren

Im Schrifttum sind zahlreiche Möglichkeiten für die Erzielung der erforderlichen Unterkühlung der Metallschmelzen beschrieben worden. Ganz allgemein gelingt es durch Überhitzung, bei der die Keime aufgelöst werden, durch Zusatz bestimmter Legierungsstoffe, die die Fremdkeime in keimunwirksame Verbindungen überführen, oder durch mechanische Entfernung, wie Herausspülen mit Gas, Filtration oder Ausseigern. Der Erfolg dieser Verfahren ist von Fall zu Fall verschieden und meist begrenzt, indem sie keine hohen Unterkühlungen erreichen lassen.

Zur Erzielung sehr hoher Unterkühlungen wurden drei besondere Verfahren entwickelt.

Die Zeitabhängigkeit der Keimbildung kann dazu benutzt werden, um durch Abschrecken eine Unterkühlung zu erzielen. G. Falkenhagen und W. Hofmann [7] gelang es, die Abkühlungsgeschwindigkeit bis 25 000° C/sec zu steigern, indem sie in mit flüssiger Luft gekühlte Kupferkokillen gossen. Sie erreichten so bei Al—Cr- und Al—Mn-Legierungen Unterkühlungen von ~ 300° C, die aber nur für eine kurze Zeit beständig waren. Die Messung erfolgte mittels einer Oszillographenschleife mit Lichtzeiger, die Thermoelementdrähte ragten dabei in die Schmelze, durch die sie verlötet wurden. Nach einem ähnlichen Verfahren erreichte A. C. Dukhin [8] bei hochlegierten Stählen Unterkühlungen von 50 bis 350° C.

Bei dem von B. Vonnegut [9] und D. Turnbull [10] entwickelten Verfahren wird das Metall in mehr Tröpfchen zerteilt, als Fremdkeime vorhanden sind, so daß die meisten Tröpfchen fremdkeimfrei erstarren müssen. Der Tröpfchendurchmesser beträgt meist weniger als 100 μ. Bei niedrigschmelzenden Metallen werden die Tröpfchen durch Dispersion in Mineralöl erzeugt, wobei ihre Oberfläche durch organische Verbindungen geschützt und so das Zusammenfließen der Tröpfchen verhindert wird. Die Messungen erfolgen im Flüssigkeitsdilatometer. Bei höherschmelzenden Metallen werden feine Späne unter dem Heißmikroskop unter Schutzgas geschmolzen. Der Augenblick der Erstarrung wird am Rauhwerden der Oberfläche und am Aufglühen durch die Schmelzwärme erkannt.

Bei langsamer Abkühlung größerer Schmelzmengen ermöglicht nach P. Bardenheuer und R. Bleckmann [11] eine auf allen Seiten lückenlose Umhüllung der Schmelze mit Schlacke Unterkühlungen von Eisen bis zu 258° C bei Schmelzgewichten von 150 g. Nach dem gleichen Prinzip wurden von H. Garbeck und W. Geller [12] sowie neuerdings von J. Fehling und E. Scheil [13] bei verschiedenen Metallen und Legierungen ebenfalls erhebliche Unterkühlungen erreicht, die den von D. TURNBULL [10] gemessenen Werten nahe kamen. Jedoch auch ohne die Schlackenumhüllung, die die chemische Zusammensetzung der Schmelze verändern kann, lassen sich erhebliche Unterkühlungen erreichen, wenn eine saubere Probeschmelze unter Schutzgas langsam abgekühlt wird. G. CAVALIER [14] erzielte auf diese Art bei Viskositätsmessungen bei Eisen 177° C, Kobalt 158° C und Kupfer 90° C Unterkühlung. BARDENHEUER und BLECKMANN [11] unterkühlten Eisen ohne Schlackenhülle um 150° C.

1.2 Eigene Versuchsapparatur

In den vorliegenden Untersuchungen wurde auf eine Schlackenhülle sowie auf andere Umhüllungen verzichtet, da durch sie eine Änderung der Schmelzzusam-

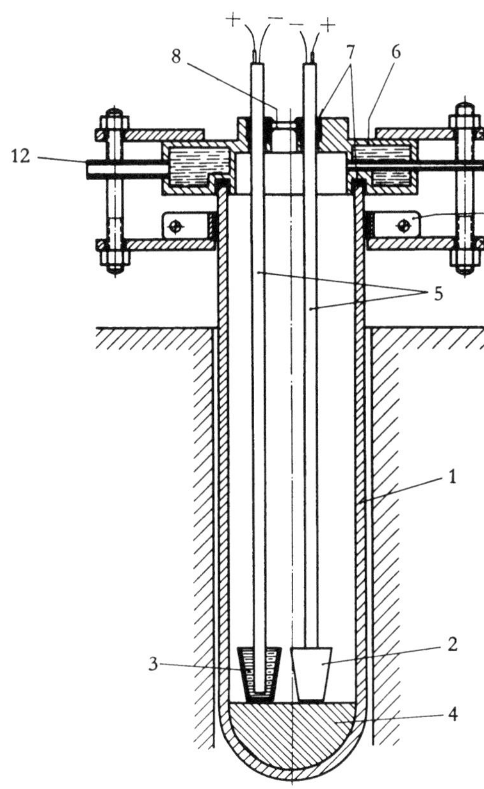

Abb. 1 Apparatur zum Schmelzen unter Schutzgas im Tammannofen

1. Außentiegel
2. Schmelztiegel
3. Schmelze
4. Einsatz
5. Elementschutzrohre
6. Kühlkopf
7. Gummidichtungen
8. Fenster
9. Druckringe
10. Schelle
11. Gaszuleitung
12. Wasseranschluß

mensetzung im weitesten Sinne herbeigeführt und somit Aussagen über die Natur von Fremdkeimen erschwert oder gar unmöglich werden könnten. Dementsprechend wurde die in Abb. 1 gezeigte Apparatur benutzt. Sie besteht aus einem großen Röhrentiegel aus Prokorund, der von einem wassergekühlten vakuumdichten Aufsatz verschlossen ist, in dem sich die Durchführung für die Elementschutzrohre und Anschlüsse für Gas und Vakuum befinden; zur Beobachtung des Tiegelinneren dient ein Glasfenster. Die Proben befinden sich in ein bis acht kleinen Schmelztiegeln, die auf einem Untersatz im Röhrentiegel stehen.

Zum Schmelzen wurde diese Apparatur in einen Tammannofen gesetzt. Während des ganzen Versuches wurde in der Apparatur eine Schutzgasatmosphäre aus Argon von 80 bis 120 mm WS Überdruck aufrechterhalten; die Tiegel erwiesen sich bei den angewandten Arbeitstemperaturen von 1000 bis 1700°C als völlig gasdicht. Die Temperaturmessung erfolgte mit Pt-Pt/Rh-10-Thermoelementen bei den Kupferschmelzen, mit PtRh-18-Elementen beim Eisen. Der Temperaturverlauf wurde mit einem Temperatur-Zeit-Schreiber aufgezeichnet.

2. Untersuchungen an Kupfer

2.1 Allgemeines zur Versuchsdurchführung

2.1.1 Analysen des Kupfers und Probenvorbereitung

Die Analysen des für die Versuche benutzten Kupfers sind in Tab. 1 zusammengestellt. In der Regel wurde mit Kupfer I gearbeitet, nur bei einer Versuchsreihe (G5) wurde Kupfer II benutzt.
Das Kupfer lag als Stangenmaterial vor, aus dem spanabhebend für die Tiegel passende Stücke gefertigt wurden. Kupferproben und Tiegel wurden vor dem Einsatz gründlich gesäubert.

Tab. 1 Analysen des verwendeten Kupfers

Gew.-%	C	Si	P	S	O
Kupfer I	0,01	0,003	0,014	0,001	0,016
Kupfer II	0,01	0,002	0,015	0,004	n.b.
	Fe, Mg, Ca, Ag in Spuren				

Über die auf ihre Impfwirkung geprüften Zusätze ist folgendes zu sagen:
Graphit wurde als pulverisierter Reaktorgraphit (99,995%) zugesetzt, Silizium als Pulver mit 99,9% Si, Magnesium als technisches Magnesiumband, Quarz als Pulver mit 99,5% SiO_2. Zur Titanzugabe wurde eine 2%ige Cu—Ti-Vorlegierung aus 96%igem Titanpulver und Kupfer I erschmolzen, zur Eisenzugabe eine 10%ige Vorlegierung aus Orklaeisen und Kupfer I.

2.1.2 Tiegelmaterial

Die verwendeten Tiegeltypen sind in Tab. 2 zusammengestellt. Das Material der Elementschutzrohre entspricht dem Tiegelmaterial außer bei Hartporzellantiegeln, wo Prokorundschutzrohre verwandt wurden.

Tab. 2 Bei den Versuchen benutzte Schmelztiegel

Material	Oberfläche	Innendurchmesser in mm oben	Innendurchmesser in mm unten	Höhe mm	Wandstärke mm	Inhalt in g Cu	Zahl je Gruppe
Prokorund	feinkörnig						
MgO	unglasiert						
Alsint		35		60	2	120	1
MgO	rauh						
	unglasiert						
Hartporzellan	glasiert	34	18	43	1	120	1
Hartporzellan	feinkörnig	22	13	26	1	30	5
Prokorund	unglasiert	8		45	1	8	8

2.1.3 Durchführung der Versuchsreihen

Die Versuche wurden als Pendelversuche ausgeführt derart, daß die Proben eingeschmolzen, überhitzt und bis zur Aufhebung der Unterkühlung abgekühlt wurden, die sich durch einen Wiederanstieg der Temperatur bemerkbar machte. Danach wurde sofort erneut geschmolzen und überhitzt, so daß sich eine fortlaufende Temperatur-Zeit-Kurve wie in Abb. 2 ergab. Die meisten Versuche wurden mit mehreren Proben gleichzeitig ausgeführt. Diese Gruppenschmelzen boten den Vorteil, daß mehrere Proben unter gleichen Bedingungen untersucht wurden, außerdem wurden so in kurzer Zeit verhältnismäßig viele Meßwerte gewonnen.

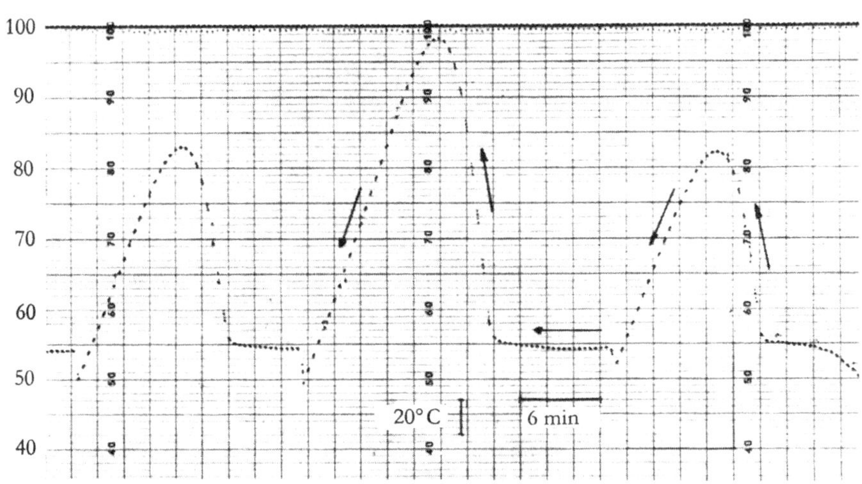

Abb. 2 Temperatur-Zeit-Kurve einer Kupferschmelze in einem Pendelversuch

In der Regel wurde nicht abgewartet, bis alles erstarrt war, sondern sofort nach Erstarrungsbeginn wieder mit dem Aufheizen begonnen, so daß die Schmelzen nicht vollständig erstarrten.

2.1.4 Gefügeuntersuchung

Nach Beendigung einer Versuchsreihe wurden zur Gefügeuntersuchung von den 30- und 120-g-Proben Schliffe angefertigt und mit Kupferammonchlorid geätzt.

2.2 Versuchsergebnisse

Die Versuchsergebnisse sind in Tafeln im Anhang zusammengestellt. Im folgenden sollen unter der Probenbezeichnung »G...« Proben aus Gruppenschmelzen, unter »S...« Proben aus Einzelschmelzen verstanden werden.

2.2.1 Verlauf der Versuchsreihen

Das verwendete Kupfer zeigte eine gute Unterkühlbarkeit, über 50% der Pendelungen ergaben Unterkühlungen über 45° C, nur 5% unter 3° C. Die Abb. 3 zeigt die Abhängigkeit der maximalen Unterkühlung von der Überhitzung. Es sind hier nur die höchsten Unterkühlungen eingetragen, die übrigen Werte sind über das Gebiet unter der Kurve verstreut.
Dabei tritt keine strikte Abhängigkeit der Unterkühlung von der Überhitzung auf. Bei jeder Überhitzung sind alle Unterkühlungen möglich. Zur Verdeutli-

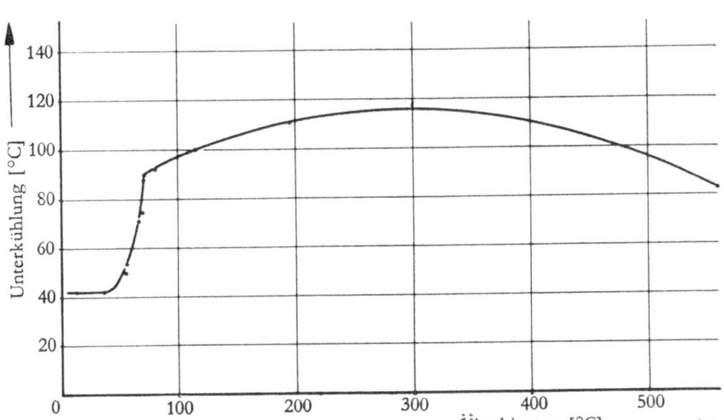

Abb. 3 Maximale Unterkühlung von Kupfer unter Argonatmosphäre in Abhängigkeit von der Überhitzung

chung sind in Abb. 4 einige Versuchsreihen schematisch durch Überhitzungen und Unterkühlungen gezeichnet. Die Kurve der Unterkühlungen zeigt keine Beziehung zur Kurve der Überhitzungen, nur bei starker Erhöhung der Überhitzung tritt vielfach eine ungewöhnlich niedrige Unterkühlung auf (Abb. 4a). Bei Gruppenschmelzen, wo mehrere Proben unter gleichen äußeren Bedingungen und bei gleicher thermischer Vorgeschichte untersucht wurden, sind die Unterkühlungen

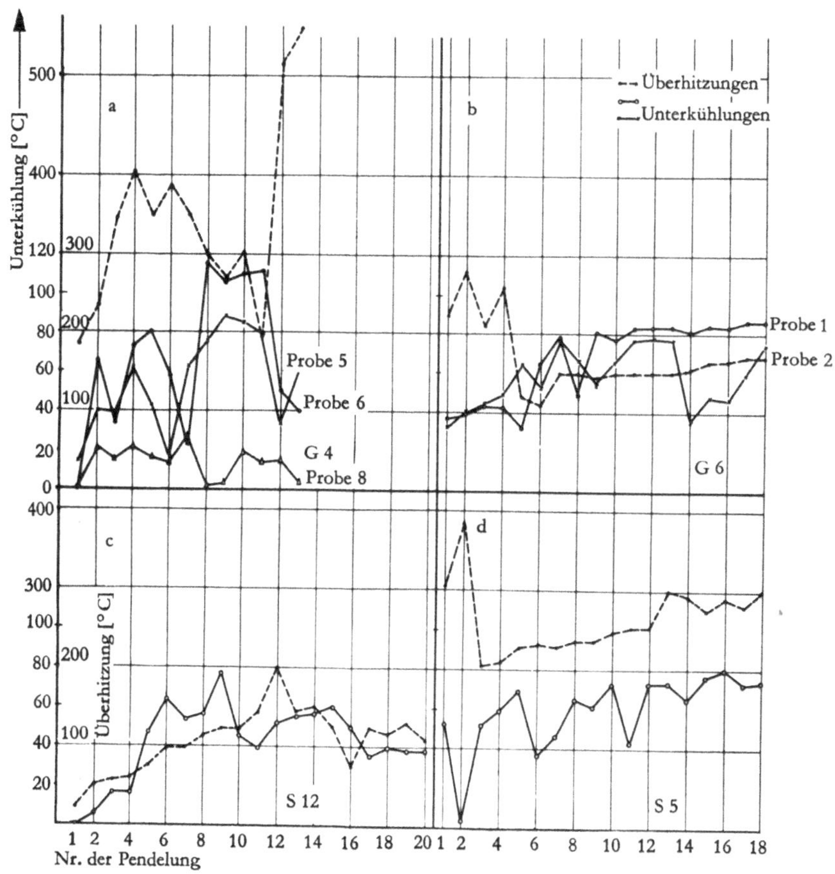

Abb. 4 Überhitzungen und Unterkühlungen im Verlauf von Pendelversuchsreihen an Kupfer

der einzelnen Proben verschieden, und die Unterkühlungskurven sind einander nicht parallel. Bei den Gruppenschmelzen fällt auf, daß manche Proben im Durchschnitt eine gute Unterkühlbarkeit zeigen, während andere fast nur Unterkühlungen im unteren Bereich des Streufeldes zeigen, wie etwa Probe G4–8 in Abb. 4a.

2.2.2 *Einfluß des Tiegelmaterials*

Als Schmelztiegel wurden vor allem Tiegel aus Prokorund und Hartporzellan verwendet (hauptsächlich Al_2O_3 mit SiO_2 und geringen Mengen Fe_3O_4, CaO, TiO_2, MgO, Alk.). Außerdem wurden für einige Schmelzen Tiegel aus Alsint (reines Al_2O_3), MgO und Quarzglas benutzt. Ein Einfluß der Tiegelwerkstoffe auf die Unterkühlbarkeit wurde außer bei Quarzglas nicht festgestellt. Bei Quarztiegeln (G1) wurde eine geringe durchschnittliche Unterkühlbarkeit gefunden. Infolge erheblicher Anfressungen durch die Schmelze gingen die Tiegel leicht zu Bruch. Diese Versuche wurden daher eingestellt.

2.2.3 *Einfluß der Schmelzzeit und der Zahl der Pendelungen*

Bei den ersten Pendelungen einer Probe war die Unterkühlbarkeit meistens schlecht, um erst im Verlauf der Versuchsreihe anzusteigen. Die Abb. 5 zeigt die Steigerung der durchschnittlichen Unterkühlbarkeit von fünf Gruppenschmelzen

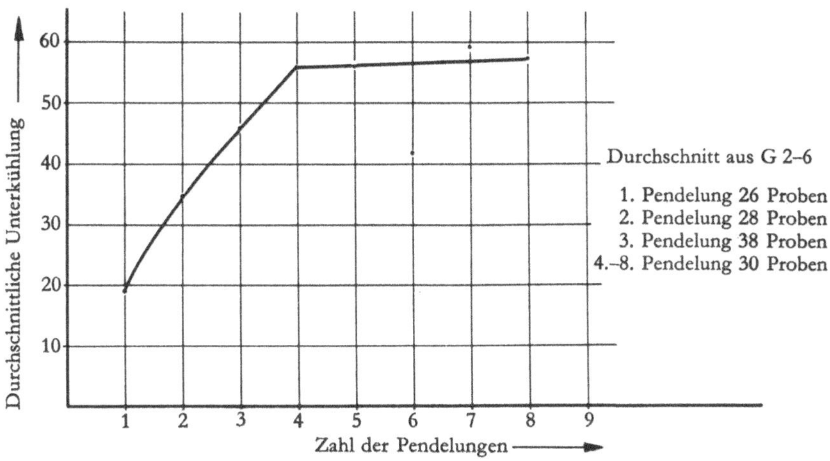

Abb. 5 Abhängigkeit der durchschnittlichen Unterkühlung von der Zahl der Pendelungen bei Kupfer

durch Pendeln. Die Abb. 6 deutet an, daß dieser Effekt durch Addition zweier Einflüsse hervorgerufen wird: einmal durch die Erhöhung der Schmelzzeit, d. h. der Zeit vom völligen Einschmelzen bis zum Beginn der Erstarrung, zum anderen durch die eigentlichen Pendelungen, der Zahl der Wechsel zwischen Erstarrung und Einschmelzen, Unterkühlung und Überhitzung.
Die Überhitzung als dritte Einflußgröße ist hierbei allerdings nicht berücksichtigt; sie schwankte zwischen 150 und 250° C. Da aber Überhitzungsänderungen in diesem Bereich keinen größeren systematischen Einfluß auf die Unterkühlbarkeit

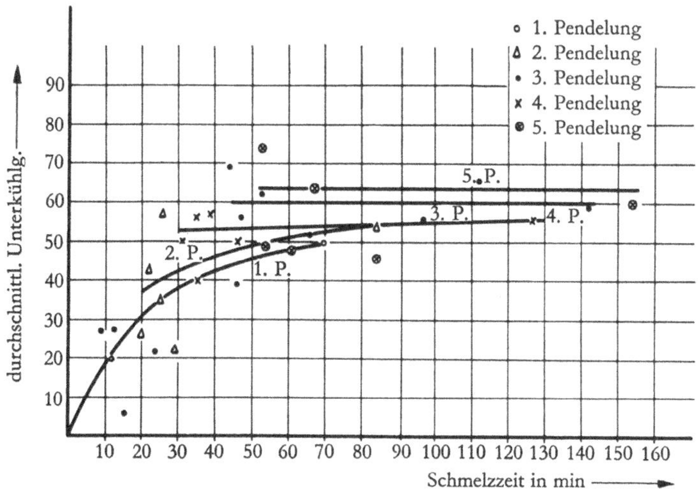

Abb. 6 Einfluß der Schmelzzeit und der Zahl der Pendelungen auf die durchschnittliche Unterkühlung von Kupfer

zeigten, scheint es möglich zu sein, die Überhitzung hier zu vernachlässigen. Die Schmelzzeit wurde durch Aufsummieren der Schmelzzeiten der aufeinanderfolgenden Pendelungen erhalten, ein Verfahren, das durch die Versuchsmethode gerechtfertigt wird, bei der lediglich die Temperatur der Proben geändert wird und keinerlei Rühren, Umgießen u. ä. erfolgte. Die so erhaltene Schmelzzeit erwies sich auch einer entsprechend langen Schmelzzeit bei einer Pendelung als gleichwertig. Aus Abb. 6 ist zu entnehmen, daß bei geringen Schmelzzeiten der Zeiteinfluß dominiert, während über 60–70 min eine weitere, wenn auch geringere Steigerung durch den Pendeleffekt möglich ist.

2.2.4 Einfluß verlangsamter Abkühlung

Die Abkühlungsgeschwindigkeit betrug in der Regel 19–25° C/min beim Passieren des Schmelzpunkts. Um den Einfluß der Abkühlungsgeschwindigkeit festzustellen, wurde sie versuchsweise auf 9 und 4° C/min vermindert, indem bei eingeschaltetem Ofen abgekühlt wurde. Nach der Theorie und Beobachtungen an Gußeisen [6] sollte eine geringere Unterkühlung die Folge sein. Es trat jedoch bei den meisten Proben eine höhere Unterkühlung auf, so daß sich im Durchschnitt eine Zunahme der Unterkühlung bei langsamer Abkühlung ergab, wie Abb. 7 zeigt.

Tab. 3 Pendelungen im Unterkühlungsgebiet (G 14)

		Probenummern							
Nr. der		1		2		3		4	
Pendelung		ΔT_+	ΔT_-	ΔT_+	ΔT_-	ΔT_+	ΔT_-	ΔT_+	ΔT_-
5		210	40	210	8,3	210	50	210	40
6	1	210	26,7*	210	0,5*	210	38,8*	210	36,4*
	2	–	0	5	26,4	— 10	52	— 8	41,6
7	1	170	26,7*	170	20	170	38,8*	170	27,5
	2	— 10	11 *	–	–	— 20,3	22,1*	–	–
	3	— 3	19 *	–	–	— 11,0	31,2*	–	–
	4	— 8,2	11,6*	–	–	18,5	21,2*	–	–
	5	15	44,9	–	–	10	60 *	–	–
	6	–	–	–	–	10	67,3	–	–

* noch nicht erstarrt

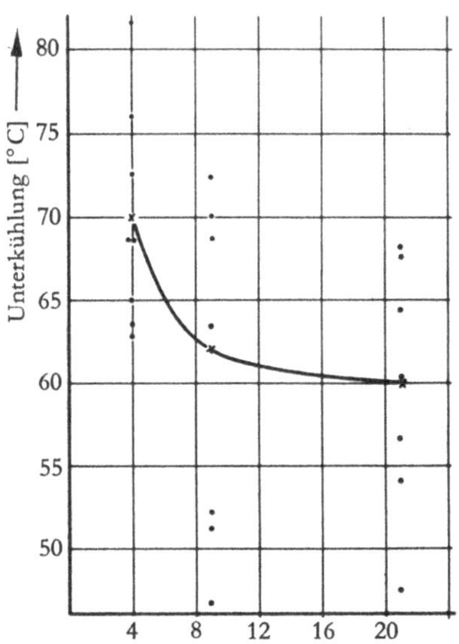

Abb. 7 Abhängigkeit der durchschnittlichen Unterkühlung von der Abkühlungsgeschwindigkeit bei langsamer Abkühlung

Auch Pendelungen im Unterkühlungsbereich, bei denen die unterkühlte Schmelze wieder erwärmt wurde, waren, wie aus Tab. 3 hervorgeht, durchaus möglich.

2.2.5 *Einfluß von Rühren und Erschütterungen*

Eine erhebliche Verminderung der Unterkühlung bewirkten starke Erschütterungen und besonders Rühren mit dem Elementschutzrohr, vor allem wenn dabei die Tiegelwände berührt wurden. Es war dabei gleichgültig, ob diese Bewegung vor oder nach der Überhitzung oder während der Unterkühlung erfolgte. Die verminderte Unterkühlbarkeit konnte durch einmaliges Überhitzen nicht beseitigt werden, sondern bestand, wenn auch in etwas abgeschwächter Form, während mehrerer Pendelungen. Leichte Erschütterungen hingegen, wie sie durch den Straßenverkehr verursacht wurden – der Versuchsort liegt an einer Hauptverkehrsstraße – hatten keinen Einfluß. Die Möglichkeit, daß durch diese ständigen schwachen Erschütterungen die schlechte Reproduzierbarkeit der Meßergebnisse verursacht sein könnte, kann verneint werden, da an derselben Stelle Versuche an Eisen-Kohlenstoff-Legierungen reproduzierbare Ergebnisse brachten.

2.2.6 *Einfluß des Sauerstoffgehalts*

Der Sauerstoffgehalt des Einsatzmaterials betrug 0,016 Gew.-%. Die Sauerstoffgehalte der Proben nach den Versuchen lagen zwischen 0,006 und 0,08%. Die niedrigen Gehalte wurden bei Ausstreuen von FeSi-Körnern im Außentiegel erreicht, die höheren Werte kamen durch Miteinschmelzen der Oxydhäute und durch Luftreste in der Apparatur zustande. Sauerstoffgehalte bis 0,2% wurden durch Einwirkungen von Luft oder günstiger durch Zulegieren von Kupferoxyd hergestellt. Die in diesen Grenzen schwankenden Sauerstoffgehalte hatten keinen systematischen Einfluß auf die Unterkühlbarkeit.

2.2.7 *Gefügeausbildung*

Das Erstarrungsgefüge der Proben zeigt zwei verschiedene Zonen: Eine feinkörnig-globulitisch erstarrte Zone und eine mit großen unregelmäßigen Kristallen, die zum Teil deutlich dendritische Struktur aufweisen. Die Abb. 8–11 zeigen Beispiele dafür. Die grobkristalline Zone liegt im oberen Teil des Regulus (Abb. 8) oder in der Mitte, jedoch nach oben verschoben (Abb. 9 und 10).
Beobachtungen der Probe bei der Erstarrung und Abtasten mit Elementschutzrohr zeigen, daß das Metall im oberen Teil und in der Mitte am längsten flüssig war. Das gleiche ergaben Ausgießversuche 1 min nach Erstarrungsbeginn. Die grobkörnige Schicht stellt also den zuletzt erstarrten Teil der Schmelze dar.
Die grobkristalline Zone enthält erheblich mehr Sauerstoff als die feinkörnige, wie bereits aus den Gefügebildern zu erkennen ist, die Streifen des Cu—O-Eutektikums zeigen.
Die Sauerstoffgehalte in verschiedenen Abständen vom Tiegelboden zeigt Abb. 12. Der steilere Anstieg der Kurve für 16 Pendelungen bedeutet, daß die

Abb. 8 Probe S3, Vergrößerung = 3:1
Überhitzung: 170° C nach 10 Pendelungen
Unterkühlung: 50° C

Abb. 9 Probe S31, Vergrößerung = 3:1
Überhitzung: 220 ° C
Unterkühlung: 6,7° C

Abb. 10 Probe S25, Vergrößerung = 3:1
Überhitzung: 218° C
Unterkühlung: 54° C

Sauerstoffkonzentrierung in den oberen Schichten der Schmelze mit zunehmender Zahl von Pendelungen steigt.
Das entstandene Gefüge hängt in zweierlei Hinsicht von der Unterkühlung ab. Unter gleichen Abkühlungsbedingungen nimmt der Anteil des groben Gefüges mit steigender Unterkühlung ab, wie die Abb. 11a–c zeigen. Bei Abb. 11a konnte das Elementschutzrohr nach Erstarrungsbeginn noch herausgezogen werden, bei den beiden anderen war es bereits festgefroren. Diese Abhängigkeit ergibt sich aus den verschiedenen Schmelzmengen, die zur Erreichung der Schmelztemperatur kristallisieren müssen.
Die Kornzahl im zuerst erstarrten Gefügeteil nimmt, wie Abb. 13 zeigt, proportional der Unterkühlung zu.
Die Abbildung gibt die Abhängigkeit für den Überhitzungsbereich von 170 bis 220° C wieder, der Einfluß der Zahl der Pendelungen ist hier nicht berücksichtigt. Die geringe Streuung der Punkte deutet jedoch an, daß dieser Einfluß nicht viel ausmacht, da die Schmelzen sich in dieser Hinsicht unterscheiden.

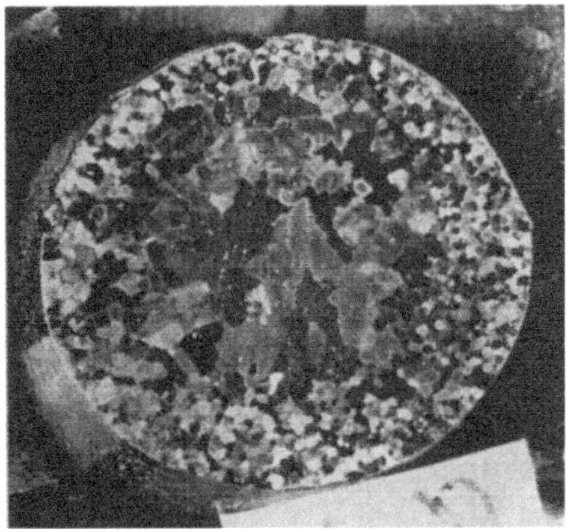

Abb. 11a
Probe G8,4,
Vergrößerung = 3:1
Überhitzung: 185 °C
Unterkühlung: 13,8°C

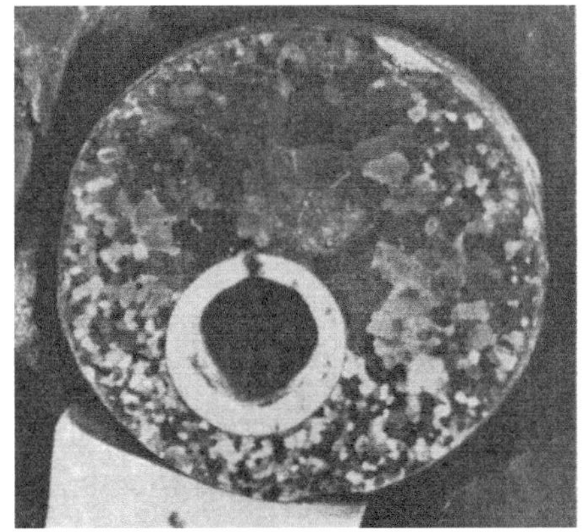

Abb. 11b
Probe G10,2,
Vergrößerung = 3:1
Überhitzung: 185 °C
Unterkühlung: 27,5°C

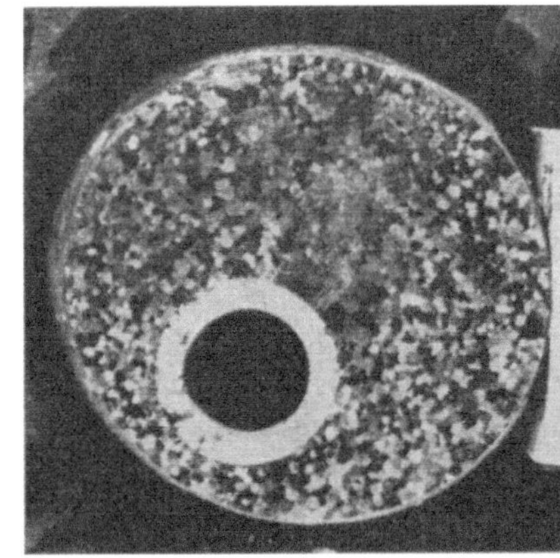

Abb. 11c
Probe G12,2,
Vergrößerung = 3:1
Überhitzung: 190°C
Unterkühlung: 51°C

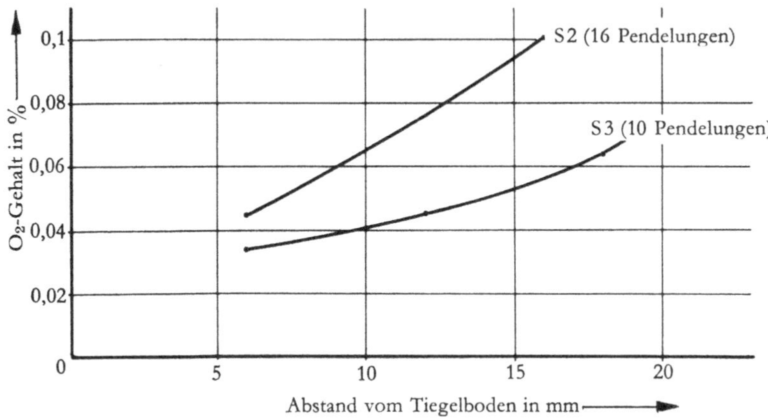

Abb. 12 Sauerstoffgehalte in verschiedenen Abständen vom Tiegelboden bei Kupferproben nach Pendelungen unter Argon

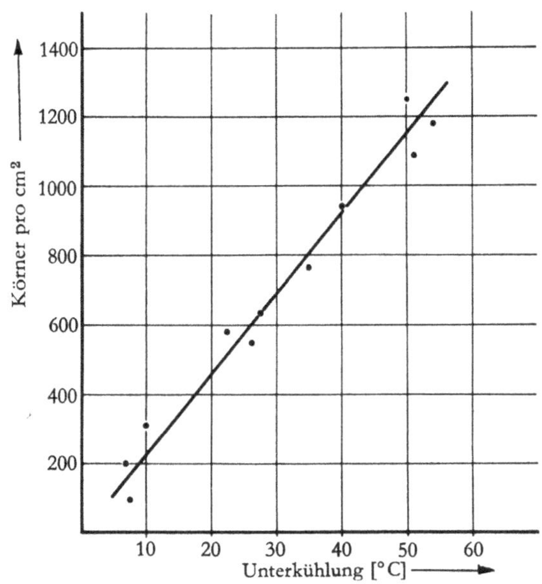

Abb. 13 Abhängigkeit der Korndichte von der Unterkühlung bei Kupfer nach Überhitzungen von 170 bis 220°C

2.3 Einfluß von Zusätzen

Der Einfluß einer Reihe von Substanzen auf die Unterkühlbarkeit des Kupfers wurde untersucht. Dazu wurden diese Zusätze mit den Kupferstücken zusammen in den Tiegel gebracht und danach die Pendelversuche in der üblichen Weise durchgeführt.

Abb. 14 Gefüge von titanhaltigen Proben

0,0005% Ti — 0,005% Ti — 0,05% Ti

Vergrößerung = 3:1

2.3.1 Einfluß von Graphit, Silizium, Magnesium und Quarzpulver

Mit Zusätzen von Graphitpulver, Silizium, Magnesium und Quarzpulver wurden einige Versuchsreihen (G15...G20) durchgeführt, deren Ergebnisse in Tabellen im Anhang zusammengestellt sind. Die Unterkühlbarkeit wurde von allen Zusätzen vermindert, wobei Silizium und Magnesium die stärkste Wirkung, Quarzpulver die geringste hatten. Graphit hatte zum Teil eine starke, zum Teil auch eine sehr geringe Wirkung. Bei Silizium- und Magnesiumzugaben waren die Proben von einer Haut der Oxyde überzogen, und auch bei Graphitzusatz traten Abscheidungen von SiO_2 auf, das offenbar durch Reaktion des Kohlenstoffs mit den Tiegelwerkstoffen gebildet worden war.

2.3.2 Einfluß von Titan

Ein Zusatz von Titan (G21...G23) setzte bereits in Spuren ($< 0{,}0005\%$) die Unterkühlbarkeit erheblich herab. Die größte Unterkühlung, die erreicht werden konnte, lag bei 5,2° C, meist war sie < 1° C (G21–23). Das Gefüge der Proben bestand in allen Fällen nur aus wenigen großen, von Seigerungszonen durchzogenen Kristallen, wie Abb. 14 zeigt.

2.3.3 Einfluß von Eisen

Von steigenden Eisenzusätzen wurde die Unterkühlbarkeit der Schmelzen vermindert, und zwar, wie Abb. 15 zeigt, in zwei, evtl. auch drei Stufen, bis von

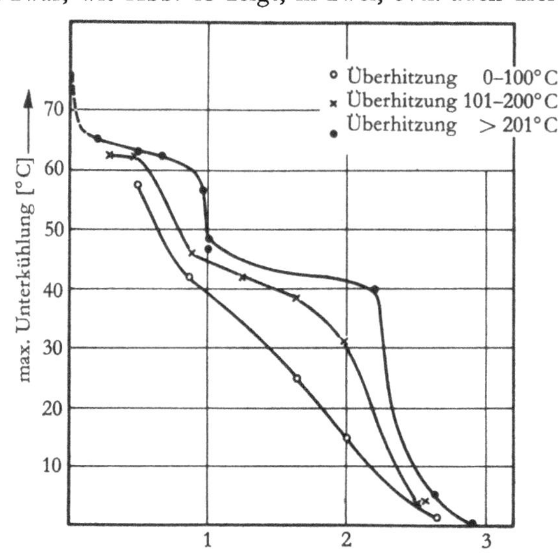

Abb. 15 Einfluß von Eisen auf die maximale Unterkühlbarkeit von Kupfer unter Argon

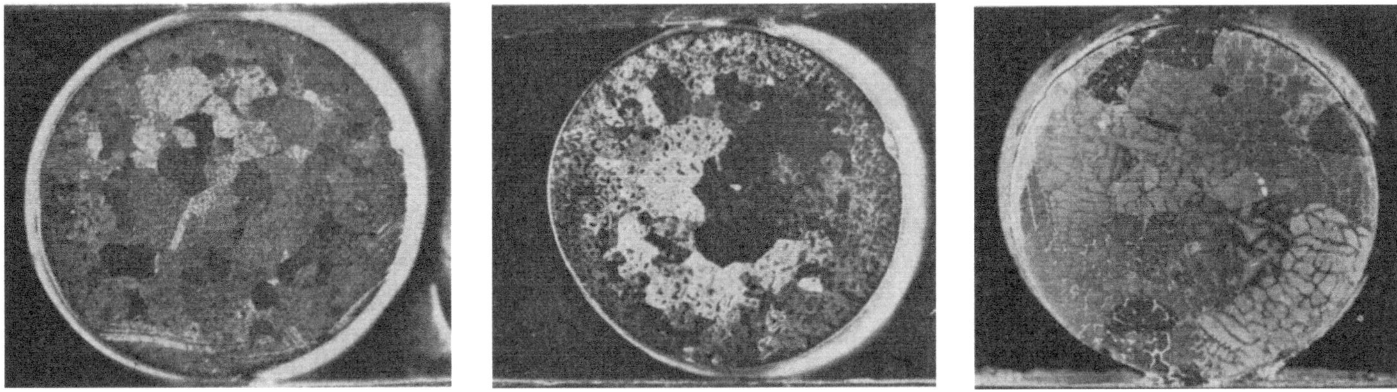

Abb. 16 Gefüge eisenhaltiger Proben

0,25% Fe 0,45% Fe 1% Fe

einem Eisengehalt von 2,9% ab keine Unterkühlung mehr auftrat. Bei allen Eisengehalten zeigten die Tiegelwände eine grüne Verfärbung von Fe^{II}-Ionen, da ein Teil des Eisens vom Sauerstoff des Kupfers oxydiert wurde.
Das Gefüge der Proben zeigt ziemlich große Kristalle, die von Seigerungen durchzogen sind (Abb. 16).

2.4 Diskussion der Versuchsergebnisse

Eine enge Beziehung zwischen Überhitzung und Unterkühlbarkeit der Kupferschmelze, wie sie gelegentlich bei Gußeisen [6] beobachtet wurde, scheint nicht zu bestehen. Nach Überhitzung der Schmelzen von wenigen Graden bis zu mehr als 400° C treten Unterkühlungen von nur wenigen Graden, ja auch keine Unterkühlungen unter den Schmelzpunkt auf. Bei einer Durchmusterung aller Zahlenwerte beobachtet man, daß die maximale Unterkühlung von etwa 100° C nur bei Abkühlung nach mäßigen Überhitzungen nicht erreicht wird. Indessen liegen dieser Aussage nur fünf Einzelmessungen von insgesamt über 700 zugrunde. So ist es nicht möglich, zu sagen, ob es kritische Überhitzungen gibt, bei deren Überschreitung eine sprunghafte Änderung der Keimbildungswahrscheinlichkeit und damit der Unterkühlbarkeit eintritt.
Eine weitergehende Aussage wird außerdem dadurch erschwert, daß sich jede Probe »individuell« verhält insofern, als sie, einzeln oder in einer Gruppe untersucht, bei mehreren Pendelungen entweder im Durchschnitt stärker oder weniger stark unterkühlt als eine andere. Da die in Gruppen untersuchten Proben gleichen Bedingungen ausgesetzt waren, dürfte das individuelle Verhalten auf Besonderheiten, etwa einer stärkeren Rauhigkeit der Schmelztiegel, oder zufälligen Verunreinigungen, die im Einzelfall bei der Vorbereitung in die Schmelze gelangen konnten, beruhen.
Im allgemeinen scheint von der Tiegelwand kein entscheidender Einfluß auf die Keimbildung auszugehen. Durch Rühren, Schütteln und andere heftige Durchwirbelung der Schmelze kann jedoch die Unterkühlbarkeit herabgesetzt und erst nach *wiederholten Pendelungen* wiederhergestellt werden. Gerade diese Beobachtung läßt vermuten, das nicht mechanische Wirkungen (durch Rühren oder Schütteln zugeführte Energie, Überlagerung von Druckwellen [15, 16]), vielmehr kleine stoffliche Verunreinigungen die Kristallisation erleichtern. Eine Stütze erfährt diese an sich bekannte Erscheinung im vorliegenden Fall dadurch, daß absichtlich der Schmelze zugesetzte Fremdteilchen (z. B. Graphit) die Unterkühlbarkeit herabmindern oder gar aufheben. Eine Fremdkeimwirkung ist demnach auch bei der Erstarrung von Reinkupfer möglich.
Ein Versuch, durch eine nähere Analyse aller Meßwerte eine Aussage über Beziehungen zwischen Überhitzung und Unterkühlung zu gewinnen, soll kurz beschrieben werden.
92% aller Meßergebnisse entfallen auf den Überhitzungsbereich von 101 bis 350° C, so daß hier eine statistische Aussage am sinnvollsten ist. In Abb. 17 sind die absoluten Unterkühlungshäufigkeiten aufgetragen. Hierbei wurden jeweils die

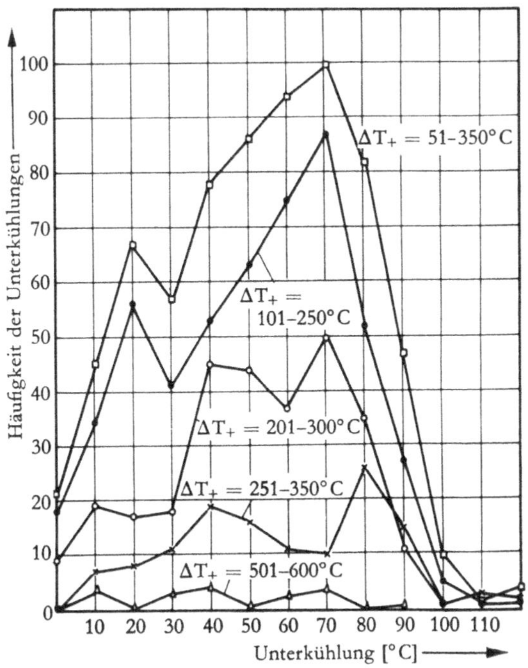

Abb. 17 Häufigkeit der Unterkühlungen bei Reinkupferschmelzen unter Argon

Unterkühlungen über einen Bereich von 10° C zusammengefaßt. Es zeigen sich zwei deutliche Unterkühlungsmaxima bei 20 und 70° C Unterkühlung sowie eine Abflachung zwischen 30 und 50° C. Eine Aufgliederung nach Überhitzungen zeigt, daß hier ein weiteres Maximum existiert, das nur bei Überhitzungen von mehr als 200° C erscheint. Das 20° C-Maximum verschwindet, während Andeutungen eines weiteren Maximums bei 10° C erscheinen.

Die Maxima geben einen Hinweis auf die Wirkung von Fremdkeimen, die allerdings einen sehr breiten Wirkungsbereich haben. Durch Überhitzung lassen sich die 20° C-Fremdkeime unwirksam machen, worauf die Erstarrung von einem bei 40° C Unterkühlung wirkenden Fremdkeim ausgelöst wird. Ob es sich hierbei um einen neuen Fremdkeim handelt, der nach Entfernung des 20° C-Keimes zur Wirkung kommt, oder ob es sich um die gleiche Substanz handelt, die nach Auflösung erst bei dieser Unterkühlung wieder ausgefällt wird, bleibt offen. Letzterer Mechanismus könnte auch zur Erklärung der Verschiebung des 70° C-Maximums auf 80° C bei hoher Überhitzung benutzt werden.

Der 70° C-Fremdkeim bringt fast alle Proben zur Erstarrung, wobei der Streubereich bis etwa 90° C reicht. Das stimmt mit den Beobachtungen von C. Cavalier [14] und J. Fehling und E. Scheil [13] überein, die unter vergleichbaren Bedingungen 90° C als maximale Unterkühlung erhielten. In dieser Arbeit wurde nur bei 16 von 774 Unterkühlungen eine höhere als 91° C-Unterkühlung gemessen, die bei 8 von 102 Proben auftrat. Da die genannten Autoren weniger

Versuche machten, ist es verständlich, daß diese seltenen hohen Unterkühlungen bei ihnen nicht auftraten.
Die in der Schmelze vorhandenen Fremdkeime werden mit zunehmender Schmelzzeit, also steigender Versuchsdauer, unwirksam. Das könnte z. B. durch Koagulation und Aufschwimmen der Fremdkeimpartikel geschehen sowie durch Reaktion mit der Tiegelwand, Effekte, die auch von anderen Autoren berichtet werden [6, 13].
In gleichem Sinne dürfte auch die verlangsamte Abkühlung wirken. Nach der Theorie und Versuchsergebnissen an Gußeisen [6], die allerdings bei im ganzen höheren Abkühlungsgeschwindigkeiten gewonnen wurden, war eine geringere Unterkühlung zu erwarten. Es wurde jedoch, wie Abb. 7 zeigt, eine nicht unbeträchtliche Zunahme gefunden. Dieses Ergebnis läßt sich durch Koagulation und Seigerung erklären, die hier den ohnehin geringen Einfluß der Abkühlung überspielt. Sich bei der Abkühlung bildende Fremdkeime sind bereits abgeseigert, ehe die zu ihrer Wirkung nötige Unterkühlung erreicht ist.
Hierbei könnte auch die Keimbildung der Fremdkeimausscheidung eine Rolle spielen. Die Keimbildung der Fremdkeimpartikel dürfte auf Grund der längeren Diffusionswege wesentlich stärker zeitabhängig sein als bei einem reinen Stoff. Eine Abkühlungsgeschwindigkeit von 20° C/min kann also durchaus noch zu einer Abschreckung und dementsprechend feinen Ausscheidung der Fremdkeimpartikel führen, während sich bei langsamerer Abkühlung das Gleichgewicht einstellt und nicht aufgelöste oder zuerst gebildete Partikel alle Substanz an sich ziehen und sehr groß werden. Das würde einmal das Aufschwimmen erleichtern und zum anderen die Keimbildung durch Verkleinerung der Fremdkeimoberfläche verschlechtern, also die Unterkühlung erhöhen.
Auch eine sehr hohe Überhitzung, die im ganzen schlechte Unterkühlung nach sich zieht, könnte eine Neubildung von Fremdkeimen bewirken, indem die aus der Schmelze entfernten Fremdkeimsubstanzen und vielleicht auch Material der Tiegelwände aufgelöst und in das Innere der Schmelze transportiert werden. Vielleicht wird auch die Benetzbarkeit der Tiegelwände erhöht, so daß größere Flächen der festen Phase in innige Berührung mit der Schmelze kommen.
Das Gefüge der Proben wird von der Unterkühlung und dem Erstarrungsverlauf bestimmt. Die Kristallisation beginnt am Boden und der Tiegelwand, da hier auf Grund des in der Probe bestehenden Temperaturgradienten die Unterkühlung am größten ist. Die Keimbildung erfolgt an sehr vielen Stellen gleichzeitig, und es werden um so mehr Keime wirksam, je größer die Unterkühlung ist. Die Erstarrung geht so schnell vor sich, daß bereits nach 5–6 sec die Schmelztemperatur erreicht ist. Die bis hier erstarrte Menge kann unter der vereinfachenden Annahme, daß von der Schmelzwärme nur die Probe selbst und der Schmelztiegel aufgeheizt werden müssen, abgeschätzt werden. Bei 120 g Schmelzen in Prokorundtiegeln sind es etwa 30% für 50° C Unterkühlung.
Der Rest der Schmelze bleibt zunächst flüssig, um im Bereich der Schmelztemperatur zu erstarren. Da hier kaum noch eine Keimbildung stattfindet, bilden sich wenige große Kristalle. Sämtliche gelösten Verunreinigungen, vor allem der Sauerstoff, reichern sich in der Restschmelze an, wie aus dem Gefüge hervorgeht.

Bei den Pendelversuchen bleibt die Restschmelze während der gesamten Versuchszeit flüssig, da die Proben niemals zur völligen Erstarrung gebracht werden. Die Schmelzzeit reicht nicht aus, um eine Verteilung des Sauerstoffs in der Schmelze herbeizuführen, sondern es tritt, wie Abb. 12 zeigt, eine Konzentrierung des Sauerstoffs im Restschmelzebereich mit steigender Zahl an Pendelungen auf. Dadurch zerfällt die Probe praktisch in zwei Bereiche, da diese Restschmelze auf Grund ihrer anderen chemischen Zusammensetzung und ihres niedrigen Schmelzpunkts (Erniedrigung der Liquidustemperatur in Richtung auf das Cu—O-Eutektikum bei 0,39% O und 1065°C) andere Keimbildungsverhältnisse aufweist.

Es ergibt sich also, daß die Kristallisation im Kupfer durch Fremdkeime ausgelöst werden kann. Diese haben offenbar einen sehr breiten Wirkungsbereich und sind nicht in jedem Falle wirksam, so daß sich ein weiter Streubereich von möglichen Unterkühlungen ergibt. Die möglichen Unterkühlungswerte können durch eine Schmelzbehandlung im weitesten Sinne nur insoweit beeinflußt werden, als die mittleren Unterkühlungen erhöht oder vermindert werden. Bei der hohen Reinheit des Kupfers ist es unter diesen Verhältnissen nicht möglich, eine bestimmte Substanz als Fremdkeim zu identifizieren, noch ist eine zuverlässige Aussage darüber möglich, ob die »20°C-, 40°C- und 70°C-Keime« verschiedener Natur sind. Indessen könnten die Versuche, bei denen verschiedene Zusätze absichtlich der Kupferschmelze beigegeben wurden, einen Hinweis geben.

Die benutzten Zusätze verschiedener Substanzen lassen sich nach ihrer Wirkung in drei Gruppen einteilen.

Graphit, Silizium, Magnesium und Quarzpulver setzen die Unterkühlung unabhängig von der zugesetzten Menge herab. Titan verhindert bereits in geringen Mengen fast jede Unterkühlung, und bei Eisen trat eine Abhängigkeit der Wirkung vom Gehalt auf. In Abb. 18 sind die absoluten Unterkühlungshäufigkeiten bei Zusatz von Silizium, Graphit und Magnesium aufgetragen.

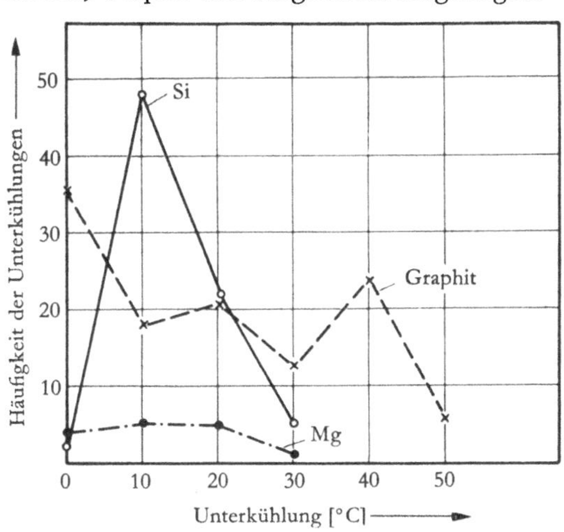

Abb. 18 Häufigkeiten der Unterkühlung bei verschiedenen Zusätzen

Bei Siliziumzusatz von 0,2% tritt ein deutliches Maximum bei 10° C Unterkühlung auf, höhere Unterkühlungen als 30° C werden nicht erreicht. Bei Graphitzusatz treten drei Maxima auf, bei 0° C, ein schwächeres bei 20° C und stärkeres bei 40° C. Für Magnesiumzugabe liegen nicht genügend Werte für eine sichere Aussage über die Lage des Maximums vor, das zwischen 10 und 20° C zu liegen scheint.

Silizium ist in diesen geringen Gehalten in Kupfer ohne weiteres löslich und bildet keine hochschmelzenden Verbindungen, die die Kristallisation bei 10° C Unterkühlung einleiten könnten. Durch Reaktion mit dem Sauerstoffgehalt der Schmelze bildete sich jedoch in erheblichem Maße feinverteiltes SiO_2, und seine Keimwirkung war zu prüfen. Ein Zusatz von SiO_2-Pulver brachte aber keine Andeutungen einer Keimwirkung bei 10° C, und auch ein Graphitzusatz, bei dem eine gewisse Menge feinverteiltes SiO_2 entstand, erbrachte kein Maximum bei 10° C.

Kohlenstoff ist in Kupfer praktisch unlöslich (0,0001% C bei 1100° C) [18]. Als Fremdkeime kommen sowohl fester Graphit wie auch Karbide von Beimengungen des Kupfers in Frage.

Die bei Zusatz von Magnesium zu beobachtende Keimwirkung könnte auf dem gebildeten Magnesiumoxyd beruhen, jedoch steht dieser Deutung entgegen, daß in MgO-Tiegeln hohe Unterkühlungen erreicht werden.

Allen drei Zusätzen ist gemeinsam, daß sie zur Bildung einer feinverteilten festen Phase in der Schmelze führen. Möglicherweise beruht darauf ihre Keimwirkung, indem eine in der Schmelze ausgeschiedene feste Substanz »in statu nascendi« als Fremdkeim wirken kann, während das chemisch gleiche Material von außen zugeführt oder als Tiegelwand wirkungslos bleibt.

Ein Zusatz von Phosphor hatte keinen Einfluß auf die Unterkühlung, indem Unterkühlungen von 60 bis 70° C erreicht wurden, wie sie nach Abb. 17 für reines Kupfer zu erwarten sind.

Die häufigsten Unterkühlungen fallen mit den Unterkühlungshäufigkeiten bei reinem Kupfer zusammen. Der Schluß, daß es sich um die gleichen Fremdkeime handelt, liegt nahe. Es ist jedoch auch möglich, daß es verschiedene Substanzen sind, die bei nahe zusammenliegenden Unterkühlungen wirksam werden. Über die Natur der Fremdkeime kann auch aus diesen Versuchen nichts ausgesagt werden, da in allen Fällen mit den Zusätzen selbst Spurenelemente mit eingeschleppt werden und außerdem Reaktionen sowohl mit den Verunreinigungen der Schmelze als auch mit den Tiegelwänden auftreten konnten. Da, wie im Falle des Titans gezeigt, bereits kaum noch nachweisbare Spuren eine starke Keimwirkung haben können und über Veränderungen der physikalischen Eigenschaften der Kupferschmelze, wie etwa die Oberflächenspannung, nichts bekannt ist, ergibt sich eine solche Vielfalt von Möglichkeiten, daß es sinnlos wäre, sie an Hand des vorliegenden Versuchsmaterials durchzudiskutieren, insbesondere, da über die Bedingungen einer Fremdkeimbildung noch keine endgültige Klarkeit herrscht.

Titan hat bereits in geringsten Mengen eine starke Keimwirkung, indem die Unterkühlung in den meisten Fällen auf 0 herabgesetzt wird. Seine Wirkung als Kornfeinungsmittel bei Aluminium ist bekannt, und A. Cibula [17] zeigte, daß es auch bei α-Bronzen und Messing eine ähnliche Wirkung ausübt. Er führt diese Wirkung des Titanzusatzes auf die Bildung von Titankarbid zurück, das eine große Gitterähnlichkeit sowohl mit Aluminium als auch mit der α-Phase von Kupferlegierungen hat und als Fremdkeim wirkt.

Bei den vorliegenden Versuchen konnte sich Titankarbid bilden, da der Kohlenstoffgehalt des Kupfers 0,01% betrug. Es ist daher naheliegend, auch hier eine Fremdkeimwirkung des Titankarbids anzunehmen. Im Gegensatz zu den Gießversuchen an Aluminium und Kupferlegierungen wird jedoch die Kornzahl nicht erhöht, sondern, wie aus Abb. 14 hervorgeht, besteht das Gefüge nur aus wenigen Körnern. Die Kornzahl reiht sich damit in den Kornzahlenverlauf des Bildes für reine Kupferschmelzen ein, die bei geringer Unterkühlung auch nur wenige Körner aufweisen. Der Unterschied zu den gegossenen Proben kommt vielleicht dadurch zustande, daß beim Guß eine starke Durchwirbelung der Schmelze erfolgt.

Im System Kupfer–Eisen stellt die Kupferecke das in Abb. 19 gezeigte peritektische System dar. Die Liquiduslinie der γ-Ausscheidung über 2,8% Fe steigt ziem-

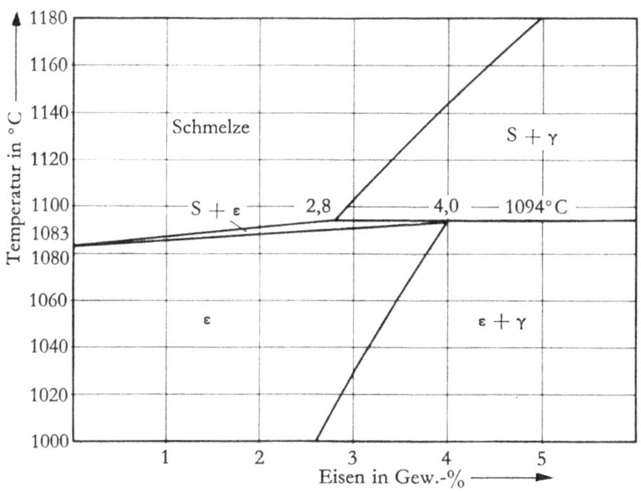

Abb. 19 Kupferecke des Systems Kupfer–Eisen nach HANSEN und ANDERKO [20]

lich steil an. Daher liegen selbst bei einer gewissen Unterkühlung der γ-Ausscheidung bei Erreichen der peritektischen Temperatur γ-Kristalle vor, so daß keine Unterkühlung mehr auftreten kann. Die peritektische Reaktion verläuft nur unvollständig oder gar nicht, so daß von 2,8% Fe an γ-Kristalle im Gefüge vorliegen. Abb. 20 zeigt γ-Ausscheidungen in einer Cu-Legierung mit 3% Fe. Wie die Abb. 20 zeigt, bildeten sich Eisenausscheidungen meistens an nichtmetallischen Einschlüssen.

Bei geringeren Eisengehalten als 2,9% treten Unterkühlungen auf, die um so höher sein können, je geringer der Eisengehalt ist (Abb. 15). Die maximale Unterkühlung hat dabei einen stufenförmigen Verlauf, indem sie bei 0,2–0,8% Fe 60–65°C erreicht, um nach einem Steilabfall bei ~ 1% bis ~ 2,2% Fe etwa 40 bis

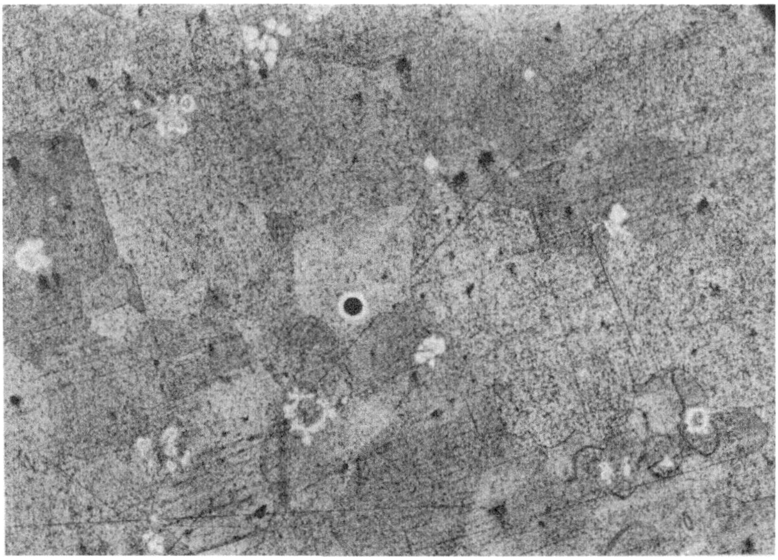

V = 60 x

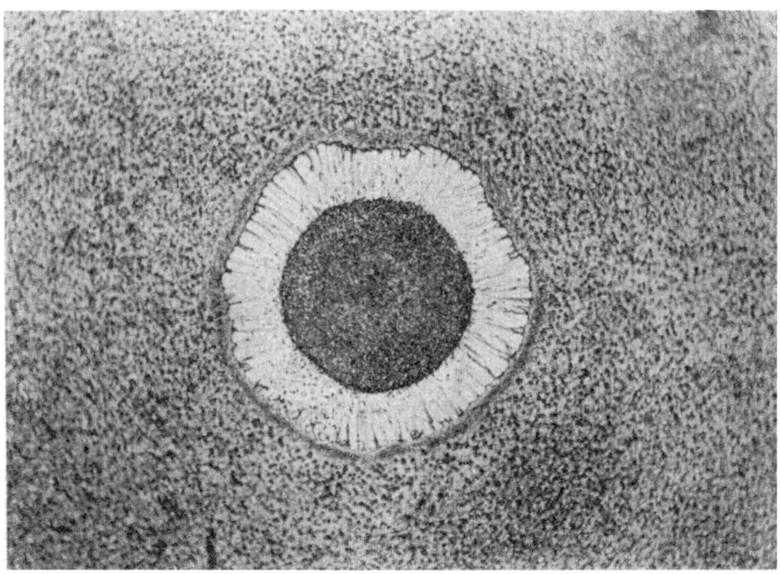

V = 600 x

Abb. 20 Eisenausscheidungen in Kupferproben mit 3% Fe

45°C zu betragen und schließlich über 2,2% Fe schnell auf 0 abzufallen. Dieser Verlauf ist am schärfsten bei den höchsten Überhitzungen ausgeprägt. Mit sinkender Überhitzung wird sowohl die maximale Unterkühlung geringer als auch der Stufenverlauf unschärfer. Die Häufigkeitsverteilung der Unterkühlungen in Abb. 21 zeigt bei hohen Eisengehalten ein starkes Maximum bei 10° C Unterkühlung sowie ein schwaches bei 40° C. Für niedrige Eisengehalte treten zwei Maxima auf, eins bei 30° C und ein zweites bei 50° C.

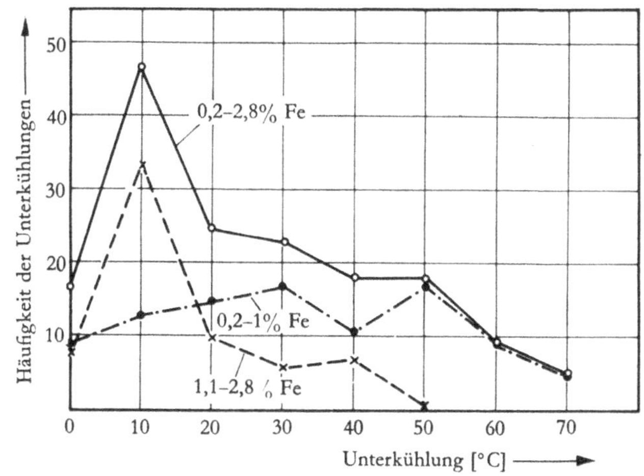

Abb. 21 Häufigkeitsverteilung der Unterkühlungen bei eisenhaltigen Proben

Diese Verschiebung der Maxima zu tieferen Temperaturen bei geringeren Eisengehalten könnte man so deuten, daß eine bestimmte Übersättigung zur Fremdkeimbildung nötig ist.

Im zweiten Teil der Arbeit wird gezeigt werden, daß Eisenoxyd als Keim für die Eisenkristallisation in Frage kommen kann, und es war zu prüfen, ob das auch hier der Fall sein könnte. Eisenoxyd entsteht bei einer Eisenzugabe zu Kupfer auf jeden Fall nach dem Gleichgewicht zwischen Cu—O—Fe, und alle Tiegel zeigten nach dem Schmelzen eine grüne Verfärbung von Fe^{II}-Ionen.

Um die Keimwirkung von Eisenoxyd zu prüfen, wurden zu einigen Proben (G29 – 4,5) Fe_3O_4-Pulver zugesetzt. Bei Gehalten von 2,5% Fe wurden Unterkühlungen von 4 bis 5° C erreicht. Wurde außerdem noch eine Spur Fe_3O_4 zugegeben, so sank sie auf 0,2–0,8° C. Ein Zusatz von Fe_3O_4 allein ergab 10–15° C Unterkühlung. Zur Gegenprobe wurde Eisen zusammen mit einem Reduktionsmittel, nämlich Phosphor in Form von Phosphorkupfer zugesetzt (G21). Dabei wurde keine Eisenoxydbildung beobachtet. Bei den Proben mit 2,5% Fe ergab sich eine Unterkühlung von 13,7° C gegenüber den nur eisenhaltigen, die 5° C erreichten.

Bei der erheblichen Streuung und der geringen Zahl der Versuchswerte ist eine schlüssige Aussage nicht möglich, jedoch stehen diese Ergebnisse mit der Annahme einer Keimwirkung des Eisenoxyds für die eisenreichen Mischkristalle nicht in Widerspruch.

3. Untersuchungen Reineisen

3.1 Allgemeines zur Versuchsdurchführung

3.1.1 Analysen des Eisens

Für die Untersuchungen wurden drei Reineisensorten benutzt, nämlich Ferrum reductum, Carbonyleisen und Orklaeisen, deren Analysen in Tab. 4 zusammengestellt sind.

Tab. 4 Analysen der benutzten Reineisensorten

Die Analysen dreier Reineisensorten			
Ferrum reductum	Carbonyleisen	Orklaeisen	
0,326	0,100	0,073	O
0,0013	–	0,056	H
0,006	Spur	0,006	S
0,004	0,003	Spur	P
0,06	0,02	0,002	C
0,045	0,005	0,0002	Al
Spur	Spur	0,0024	Si
0,071	0,0	0,0	Mg
0,0	0,0	0,02	Zn
0,1	Spur	0,0	Ti
0,09	Spur	0,0	V
0,03	0,04	0,0	Ni
0,0	0,0	0,006	Co
0,02	Spur	0,0	Mn

Ferrum reductum und Carbonyleisen lagen als Pulver, Orklaeisen als grobe Stücke vor.

3.1.2 Tiegelmaterial

Als Tiegelmaterial diente Alsint (Al_2O_3).

3.1.3 Durchführung der Versuchsreihen

Die Versuche wurden wie bereits bei Kupfer beschrieben ausgeführt, jedoch alle Versuchsreihen als Einzelschmelzen mit 100–120 g Einwaage. Nach jeder Versuchsreihe wurde der Gasgehalt der Probe in einer Heißextraktionsanlage [25] bestimmt.

3.2 Versuchsergebnisse

An Ferrum reductum wurden in fünf Versuchsreihen insgesamt 34 Unterkühlungsmessungen, an Carbonyleisen in vier Versuchsreihen 61 und an Orklaeisen in vier Versuchsreihen 33 Messungen durchgeführt. Die Ergebnisse sind im Anhang in Tabellen zusammengefaßt.

Bei der Betrachtung der Schmelzen durch das Schauglas des Kühlkopfes wurde bei Carbonyleisen die Bildung einer festen bizarrflächigen Ausscheidung beobachtet. Diese Ausscheidung war bei den angewandten Überhitzungen weder aufzulösen noch zum Schmelzen zu bringen. Die Erstarrung begann stets an dieser Ausscheidung, was am Aufleuchten infolge der freiwerdenden Schmelzwärme und am Rauhwerden der Oberfläche verfolgt werden konnte. Nach Beendigung der Versuche konnte die Ausscheidung leicht von den Reguli abgelöst werden. In Farbe und Glanz ähnelt sie dem Hammerschlag. Eine qualitative Spektralanalyse zeigte die Anwesenheit von Eisen, Aluminium, Magnesium und Spuren von Silizium.

Um eine Keimwirksamkeit des ausgeschiedenen Oxyds zu prüfen, wurde eine neue Probe (Nr. 13) aus den Proben 10–12 zusammengestellt und gependelt. Es ergab sich eine wesentlich bessere Unterkühlbarkeit als beim gewöhnlichen Carbonyleisen mit maximaler Unterkühlung von 170° C.

3.3 Diskussion der Versuchsergebnisse

Die Unterkühlungswerte liegen in einem breiten Streubereich, und es tritt keine reproduzierbare Abhängigkeit von der Überhitzung auf. Jede Probe verhielt sich individuell.

Wegen der starken Streuung der Unterkühlungswerte wurde eine statistische Auswertung vorgenommen. In Tab. 5 sind die durchschnittlichen Unterkühlungen jeder Eisensorte und jeder Versuchsreihe aufgeführt, wobei noch nach Überhitzungen von $< 100°C$ und $> 100°C$ unterschieden wird. Die 100° C-Grenze wurde gewählt, da so in beiden Bereichen etwa die gleiche Anzahl von Überhitzungen liegen (56:72).

Tab. 5 Durchschnittliche Unterkühlungen dreier Reineisensorten

	Probe Nr.	ΔT_- bei $\Delta T_+ < 100$	ΔT_- bei $\Delta T_+ > 100$	$\overline{\Delta T_-}$
		[°C]		
Orklaeisen	1	49	115	93
	2	153	157	155
	3	111	111	111
	4	50	115	93
	alle Proben	91	125	113
Ferrum reductum	5	103	163	123
	6	60	–	60
	7	–	114	114
	8	–	0	0
	9	27	115	76
	alle Proben	63	98	80
Carbonyleisen	10	51	68	58
	11	42	60	51
	12	45	64	56
	alle Proben	47	63	56
Umgeschmolzenes Carbonyleisen	13	140	124	133

Die beste Unterkühlbarkeit zeigt das Orklaeisen, gefolgt vom Ferrum reductum. Dem entsprechen die maximalen Unterkühlungen, die bei Orklaeisen 209° C, bei Ferrum reductum 163° C und bei Carbonyleisen 112° C betragen.
Man sieht, daß die durchschnittlichen Unterkühlungen jeder Eisensorte bei höherer Überhitzung größer sind. Dabei kann man, allerdings bei verschiedenen Unterkühlungsniveaus, drei Gruppen unterscheiden:

1. Proben mit geringer durchschnittlicher Unterkühlung bei niedriger Überhitzung, die bei höherer Überhitzung stark zunimmt, wie Probe 1, 4 und 9.
2. Proben mit hoher durchschnittlicher Unterkühlbarkeit bei Überhitzung unter 100° C, die dann nur noch wenig zunimmt, wie Probe 2, 3 und evtl. 5.
3. Proben mit geringer Unterkühlbarkeit, die bei höherer Überhitzung kaum zunimmt. Hierbei handelt es sich um die Schmelzen aus Carbonyleisen 10–12.

Dieses Verhalten könnte man mit der Verteilung und der thermischen Stabilität der Fremdkeime erklären. Orklaeisen und Ferrum reductum enthalten entweder wenig wirksame Fremdkeime, die von vornherein eine hohe Unterkühlung zulassen, oder diese werden beim Überhitzen zerstört. Carbonyleisen hingegen scheint wirksame und thermisch stabile Fremdkeime zu enthalten, so daß seine geringe Unterkühlbarkeit durch Überhitzen nur wenig verbessert werden kann.

Gerade beim Carbonyleisen wurde die feste, sehr stabile Oxydausscheidung auf der Oberfläche beobachtet. Probe 13, die aus den anderen drei Carbonyleisenproben nach Entfernung der Ausscheidung zusammengestellt wurde, ähnelt in ihrem Unterkühlungsverhalten dem reinen Orklaeisen, in dem sie eine hohe durchschnittliche Unterkühlbarkeit bereits bei Überhitzungen von unter 100°C zeigt. Es scheint also berechtigt zu sein, eine Impfwirkung dieser »Oxydschlacke« selbst oder eines ihrer Bestandteile anzunehmen.

In der Literatur wird eine Impfwirkung des FeO angenommen [12], so daß bei der Auswertung der Versuche diesem Problem einige Aufmerksamkeit geschenkt wird. Der Sauerstoffgehalt aller drei Eisensorten nahm während der Versuche ab. In Tab. 6 sind die Sauerstoff- und Wassergehalte der Proben, die nach den Versuchen bestimmt wurden, zusammengestellt. Man erkennt, daß die Gasgehalte abnehmen, jedoch nicht proportional der Schmelzzeit – worunter die Zeit verstanden wird, in der die Proben flüssig waren – oder der Zahl der Pendelungen.

Tab. 6 Gasgehalte der Eisenproben

Material	Proben Nr.	O_2-Gehalt	H_2-Gehalt	Schmelzzeit	Zahl der Pendelung
		[Gew.-%]		[min]	
Orklaeisen	unbehandelt	0,073	0,056	–	–
	1	0,033	0,0004	29	3
	2	0,038	0,0003	89	6
	3	0,016	0,0007	168	15
	4	0,015	0,0005	91	9
Ferrum reductum	gesintert	0,326	0,0013	–	–
	5	0,151	0,0008	31	3
	6	0,065	0,0006	58	9
	7	0,077	0,0009	74	7
	8	n. b.	n. b.	n. b.	3
	9	0,063	0,0007	95	12
Carbonyleisen	unbehandelt	0,100	n. b.	–	–
	10	0,061	0,0011	149	20
	11	0,036	0,0005	84	12
	12	0,086	0,0002	130	18
Umgeschmolzenes Carbonyleisen	13	0,033	0,0003	–	11

Eine Korrelation der Gasgehalte mit den Unterkühlungen ist nicht möglich. Teilt man aber die Proben in zwei Gruppen mit unter 0,050 Gew.-% O und über 0,050 Gew.-% O ein, wobei angenommen wird, daß ein niedriger Endsauerstoffgehalt auch einen niedrigen Gehalt während der Mehrzahl der Pendelungen bedeutet, und ermittelt dann die durchschnittlichen Unterkühlungen, so ergibt sich Tab. 7. Der Grenzwert von 0,050 wurde gewählt, da der höchste Gehalt in der unteren Gruppe 0,038%, der geringste der oberen 0,061% beträgt. Die mittlere Unterkühlbarkeit ist in beiden Überhitzungsbereichen bei der Gruppe mit dem geringeren O_2-Gehalt deutlich höher. Die schlechte Unterkühlbarkeit bei hohem Sauerstoffgehalt kann durch Überhitzung noch etwas verbessert werden.

Tab. 7 Durchschnittliche Unterkühlungen bei hohen und niedrigen Sauerstoffgehalten

O_2-Gehalt	Durchschnittliche Unterkühlung [°C]	
Gew.-%	$\Delta T_+ < 100$	$\Delta T_+ > 100$
< 0,050	119	109
> 0,050	54	89

Dieses Ergebnis deutet auf eine mögliche Beteiligung des Sauerstoffs an einer Fremdkeimbildung. Es kann sich hierbei sowohl um oxydische Verunreinigungen als auch um Eisenoxyd handeln. Ausscheidungen von Eisenoxyd (FeO) können nach dem Zustandsdiagramm (Abb. 22) im Gleichgewicht erst ab 0,16% O auftreten. Verlängert man aber die Linie der FeO-Sättigung unter die Mono-

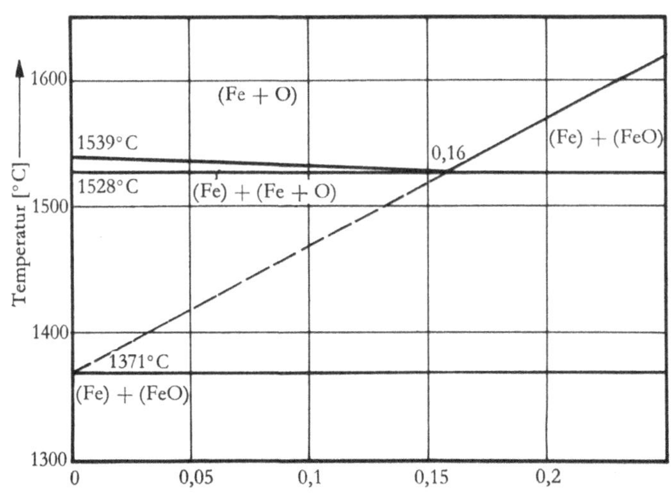

Abb. 22 Eisenecke des Systems Fe—O

tektikale in den Unterkühlungsbereich, so könnten bei den vorliegenden Unterkühlungen und Sauerstoffgehalten FeO-Ausscheidungen auftreten. Diese liegen allerdings in flüssiger Form vor, um erst bei 1371 °C = 160–180 °C Unterkühlung, je nach O-Gehalt des Eisens, zu kristallisieren. Wenn man nicht gerade eine Impfwirkung des flüssigen FeO oder der Entmischungsreaktion annehmen will, könnte man nur bei höheren Unterkühlungen diese Art der Fremdkeimwirkung annehmen.

Da ein erheblicher Teil der im Eisen vorhandenen Verunreinigungen als Oxyde vorliegen dürfte, ist es genausogut möglich, daß eines dieser Oxyde als Fremdkeim wirkt, dessen Stabilität mit sinkendem Sauerstoffgehalt und steigender Überhitzung abnimmt.

Schließlich soll noch darauf hingewiesen werden, daß die Oberflächenspannung der Eisenschmelze mit steigendem Sauerstoffgehalt ganz beträchtlich abfällt. Nach W. vor dem Esche und O. Peter [21] sinkt die Oberflächenspannung von Reineisen von 1600 dyn/cm auf etwa 1000 dyn/cm bei 0,05% O und 850 dyn/cm bei 0,1% O, und auch andere Autoren stellten einen ähnlich starken Einfluß fest [22–24]. Da die Oberflächen- bzw. Grenzflächenspannung bei der Keimbildung eine wichtige Rolle spielt, kann dieser Einfluß des Sauerstoffs nicht außer acht gelassen werden.

Wie diese Betrachtungen zeigen, ist eine Klärung der Rolle des Sauerstoffs bei der Fremdkeimbildung von Eisen nicht möglich.

4. Vergleichende Betrachtungen der Ergebnisse an Kupfer und Eisen

Die Versuche zeigen, daß Kupfer und Eisen infolge der Wirkung von Fremdkeimen erstarren, wobei wahrscheinlich bei jedem Metall mehrere verschiedene Fremdkeime wirksam werden. Durch eine Überhitzung kann die Keimbildung beeinflußt werden, jedoch nimmt die Beeinflußbarkeit mit steigender Reinheit des Metalls ab. Eine verhältnismäßig verunreinigte Schmelze, wie das technische Gußeisen, das von W. PATTERSON und D. AMMAN [6] untersucht wurde, ergab bei geringer relativer Unterkühlung ($\Delta T_{-}/T_S = 0{,}03$–$0{,}04$) eine gut reproduzierbare Abhängigkeit der Unterkühlung von der Überhitzung. Bei den in dieser Arbeit untersuchten Reineisensorten und Kupfer trat nur im Durchschnitt eine gewisse Zunahme der Unterkühlung mit der Überhitzung auf, während die einzelnen Werte der Unterkühlung weite Streuungen zeigten und die einzelnen Proben sich individuell verhielten. Die maximalen relativen Unterkühlungen sind aber der größeren Reinheit entsprechend höher:

1. Orklaeisen $0{,}116 \cdot T_S$
2. Ferrum reductum $0{,}090 \cdot T_S$
3. Carbonyleisen $0{,}062 \cdot T_S$

Kupfer erreichte eine relative Unterkühlung von 0,07 bis $0{,}085 \cdot T_S$. Bei den während des Versuchs durch die Schlackenhülle gereinigten Proben erzielten J. FEHLING und E. SCHEIL [13] erheblich höhere Unterkühlungen, wobei überhaupt kein Einfluß der Überhitzung mehr auftrat, indem fast stets die Maximalunterkühlung eingestellt wurde. Eine Ausnahme machte unter anderem Kupfer, das größere Streuungen bei schlechter Unterkühlbarkeit aufwies. Auch in der vorliegenden Arbeit zeigte Kupfer bei großer Streuung geringe relative Unterkühlungen und einen hohen Anteil an Schmelzen, die bei 0°C Unterkühlung erstarrten, was bei Eisen nur selten auftrat.
Man kann daraus schließen, daß bestimmte in großer Menge vorhandene Fremdkeime einer reproduzierbaren thermischen Beeinflussung zugänglich sind, während das bei höherer Reinheit der Metalle und der hier erreichbaren größeren Unterkühlung infolge der Vielzahl von Einflußgrößen nur mit einer gewissen Wahrscheinlichkeit möglich ist.
Bei Eisen wurde eine Beziehung zwischen seinem Sauerstoffgehalt und der Unterkühlung beobachtet, die zu der Annahme berechtigt, daß Oxyde, evtl. Eisenoxyd, die Fremdkeimbildung begünstigen können. Auch bei eisenhaltigem Kupfer besteht Grund zu der Annahme, daß Eisenoxyde die Keimbildung der eisenreichen Mischkristalle auslösen können. Bei Kupfer deutet nichts auf eine Keimwirkung des eigenen Oxyds, sofern es sich bei den geringen Gehalten überhaupt primär

– etwa in Verlängerung seiner Sättigungslinie unter den eutektischen Punkt – ausscheidet. Weitere Hinweise auf Fremdkeime sind nicht gegeben.
Bewegungen der Schmelze setzen die Unterkühlbarkeit herab, was auf einer mechanischen Zuführung und Verteilung von Fremdkeimen beruhen dürfte. Verschiedene Zusätze verringern die Unterkühlbarkeit, wobei bei Kupfer, Silizium und besonders Titan die stärkste Wirkung haben, was im Falle des Titans auf der Fremdkeimwirkung von Titankarbid beruhen dürfte, wobei jedoch keine Kornverfeinerung, sondern eine Vergröberung auftritt, wohl die Folge eines raschen Kornwachstums.

5. Zusammenfassung

Elektrolytkupfer und drei Eisensorten wurden in Pendelversuchen unter Argon unterkühlt, wobei Unterkühlungen bis zu 116°C an Kupfer und bis zu 209°C an Eisen auftraten. Die Abhängigkeit der Unterkühlung von der Überhitzung nahm mit steigendem Reinheitsgrad der Proben ab, so daß die Werte in einem breiten Streufeld lagen.

Bei Eisen wurde eine gewisse Abhängigkeit der Unterkühlbarkeit vom Sauerstoffgehalt gefunden, während bei Kupfer–Eisen-Legierungen eine Begünstigung der Ausscheidung der eisenreichen Phase durch Eisenoxyde nicht ausgeschlossen ist. Bei Kupfer zeigt die Häufigkeitskurve der Unterkühlungen mehrere Maxima, die der Wirkung von Fremdkeimen mit breitem Wirkungsbereich zugeschrieben werden können. Über die Identität dieser Fremdkeime konnten jedoch keine Hinweise gefunden werden.

Eine Reihe von Zusätzen wurden auf ihre Impfwirkung für Kupfer geprüft, wobei sich Titan, das wahrscheinlich in Form von Titankarbid wirkt, als besonders wirksam erwies, in dem es bereits in Spuren die Unterkühlbarkeit auf 4–5°C begrenzte.

Die Kornzahl der erstarrten Kupferproben nahm mit steigender Unterkühlung zu. Durch Zusätze bei geringer Unterkühlung zur Erstarrung gebrachte Proben enthielten entsprechend der niedrigen Unterkühlung nur wenige Körner.

Für die Bereitstellung der Mittel zur Durchführung der vorliegenden Arbeit sei dem Herrn Ministerpräsidenten des Landes Nordrhein-Westfalen herzlich gedankt.

Prof. Dr. phil. Karl Löhberg
Dipl.-Ing. Klaus Röhrig
Dr.-Ing. Peter Sahm

6. Literaturverzeichnis

[1] VOLMER, M., und A. WEBER, Z. phys. Chem. 119 (1962), S. 277.
[2] BECKER, R., und W. DÖRING, Ann. Phys. 24 (1935), S. 719.
[3] TURNBULL, D., Trans. AIME 175 (1948), S. 774.
[4] TURNBULL, D., und J. C. FISHER, J. Chem. Phys. 17 (1949), S. 71.
[5] HOLLOMON, J. H., und D. TURNBULL, Progress in Metall Physics 4 (1953), S. 333.
[6] PATTERSON, W., und D. AMMAN, Gießerei, techn.-wiss. Beih. 23 (1959), S. 1243.
[7] FALKENHAGEN, G., und W. HOFMANN, Z. Metallkde. 43 (1952), S. 69.
[8] DUKHIN, A. C., Chem. Abstr. 53 (1959), S. 15 903.
[9] VONNEGUT, B., J. Colloid Sc. 3 (1948), S. 563.
[10] TURNBULL, D., J. appl. Phys. 21 (1950), S. 1022.
[11] BARDENHEUER, P., und R. BLECKMANN, Mitt. Kaiser-Wilh.-Inst. f. Eisenforsch. 21 (1939), S. 201.
[12] GELLER, W., und H. GARBECK, Arch. Eisenhüttenw. 26 (1955), S. 611.
[13] FEHLING, J., und E. SCHEIL, Z. Metallkde. 53 (1962), S. 593.
[14] CAVALIER, G., NPL-Symposium on Phys. Chem. Metallic Sol and Intermetallic Compounds (1958) (1959) (4 D) S. 12
[15] HIEDEMANN, E., J. Acoust. Soc. Amer. 24 (1954), S. 831.
[16] TIPSON, R. S., Technique of Organic Chemistry, Vol. 3, N. Y. 1949.
[17] ALLEN, C. B., und W. D. KINGERY, Trans. AIME 215 (1959), S. 201.
[18] BEVER, M. C., und C. F. FLOE, Trans. AIME 166 (1946), S. 128.
[19] CIBULA, A., J. Inst. Metals 82 (1953/54), S. 518.
[20] HANSEN, M., und K. ANDERKO, Binary Alloys, N. Y. 1958.
[21] ESCHE, W. VOR DEM, und O. PETER, Arch. Eisenhüttenw. 27 (1956), S. 355.
[22] TSZIN-TAN, VAN, R. A. KARASEV und A. M. SAMARIN, Metallurg. Fuels (1960), S. 21.
[23] HALDEN, F. M., und W. D. KINGERY, J. Phys. Chem. 59 (1955), S. 557.
[24] BECKER, M., Dr.-Ing.-Dissertation, TU Berlin 1963.
[25] ODENDAHL, M., Dr.-Ing.-Dissertation, TU Berlin 1960.

7. Tabellen der Meßwerte

S 1

Probengewicht .... 120 g
Tiegel aus .... Prokorund
Elementschutzrohr aus .... Prokorund
Abkühlungsgeschwindigkeit ...... 23,5° C/min
O_2-Gehalt 0,0109%

Nr. der Pendelung	Überhitzung [°C]	Unterkühlung [°C]	Bemerkung
1	140	0	
2	255	20	
3	57	50	Elementschutzrohr
4	70	40	bewegt
5	51	4	
6	113	58	

S 2

Probengewicht .... 120 g
Tiegel aus .... Prokorund
Elementschutzrohr aus .... Prokorund
Abkühlungsgeschwindigkeit ...... 19° C/min
O_2-Gehalt 0,078%

Nr. der Pendelung	Überhitzung [°C]	Unterkühlung [°C]	Bemerkung
1	340	78	
2	159	63	
3	398	43	
4	152	70	
5	114	63	
6	200	76	
7	200	85	Elementschutzrohr
8	200	98	bewegt
9	152	86	
10	220	76	
11	345	63	
12	240	80	
13	140	1	
14	118	20	
15	124	27	

S 3

Probengewicht .... 120 g
Tiegel aus .... Alsint
Elementschutzrohr aus .... Alsint
Abkühlungsgeschwindigkeit ...... 19° C/min
O_2-Gehalt .... n. b.

Nr. der Pendelung	Überhitzung [° C]	Unterkühlung [° C]	Bemerkung
1	244	66	
2	187	58	
3	233	85	
4	240	37	
5	270	3	extrapoliert aus der
6	204	77	Abkühlungskurve
7	306	52	
8	232	37	
9	170	58	
10	170	50	

S 4

Probengewicht .... 120 g
Tiegel aus .... Prokorund
Elementschutzrohr aus .... Prokorund
Abkühlungsgeschwindigkeit ...... n. b.
O_2-Gehalt .... n. b.

Nr. der Pendelung	Überhitzung [° C]	Unterkühlung [° C]	Bemerkung
1	270	27	
2	325	78	Schutzrohre
3	340	52	mehrfach bewegt
4	350	31	

S 5

Probengewicht .... 120 g
Tiegel aus .... MgO
Elementschutzrohr aus .... MgO
Abkühlungsgeschwindigkeit ...... 23,5° C/min
O_2-Gehalt 0,006%

Nr. der Pendelung	Überhitzung [° C]	Unterkühlung [° C]	Bemerkung
1	305	53	
2	385	4	
3	205	52	
4	210	59	
5	227	69	
6	229	36	
7	227	46	
8	232	65	
9	230	61	
10	244	73	
11	253	43	
12	254	73	
13	300	73	
14	292	65	
15	275	76	
16	290	80	
17	280	73	
18	300	74	

S 7

Probengewicht .... 120 g
Tiegel aus .... MgO
Elementschutzrohr aus .... MgO
Abkühlungsgeschwindigkeit ...... 23° C/min
O_2-Gehalt .... n.b.

Nr. der Pendelung	Überhitzung [° C]	Unterkühlung [° C]	Bemerkung
1	268	43	
2	214	33	
3	250	48	
4	206	48	
5	310	40	
6	197	55	
7	200	47	Luft eingelassen,
8	223	60	O_2-Anreicherung
9	200	57	der Schmelze
10	177	68	
11	150	41	
12	227	50	
13	177	55	
14	180	51	
15	168	52	
16	182	55	

S 8

Probengewicht .... 120 g
Tiegel aus .... Prokorund
Elementschutzrohr aus .... Prokorund
Abkühlungsgeschwindigkeit ...... 12° C/min
O_2-Gehalt .... n.b.

Nr. der Pendelung	Überhitzung [° C]	Unterkühlung [° C]	Bemerkung
1	174	5	
2	230	22	Stahldeckel
3	160	23	auf dem Tiegel
4	165	31	
5	232	31	

S 9

Probengewicht .... 120 g
Tiegel aus .... MgO
Elementschutzrohr aus .... MgO
Abkühlungsgeschwindigkeit ...... 29° C/min

Nr. der Pendelung	Überhitzung [° C]	Unterkühlung [° C]	Bemerkung
1	250	42	
2	55	53	
3	13	42	
4	107	42	
5	280	63	
6	250	62	
7	217	64	
8	250	64	
9	550	65	
10	595	4	
11	575	20	
12	137	10	
13	230	22	
14	440	64	
15	67	23	
16	285	31	

S 10

Probengewicht .... 120 g
Tiegel aus .... Prokorund
Elementschutzrohr aus .... Prokorund
Abkühlungsgeschwindigkeit ...... 23° C/min

Nr. der Pendelung	Überhitzung [° C]	Unterkühlung [° C]	Bemerkung
1	250	10	
2	270	7	
3	100	22	
4	177	5	
5	115	18	
6	400	5	

S 11

Probengewicht .... 120 g
Tiegel aus .... Prokorund
Elementschutzrohr aus .... Prokorund
Abkühlungsgeschwindigkeit ...... 26° C/min

Nr. der Pendelung	Überhitzung [°C]	Unterkühlung [°C]	Bemerkung
1	147	22	
2	226	7	
3	316	29	
4	203	31	
5	287	33	

S 12

Probengewicht .... 120 g
Tiegel aus .... Hartporzellan, glasiert
Elementschutzrohr aus .... Prokorund
Abkühlungsgeschwindigkeit ...... 26,8° C/min

Nr. der Pendelung	Überhitzung [°C]	Unterkühlung [°C]	Bemerkung
1	23	6	
2	50	16	
3	57	16	
4	60	47	
5	76	63	
6	98	53	
7	98	56	
8	114	77	
9	123	45	
10	123	39	
11	143	52	
12	200	55	
13	145	56	
14	150	60	
15	125	50	
16	75	35	
17	124	40	
18	115	38	
19	129	38	
20	110	27	

S 13

Probengewicht .... 270 g
Tiegel aus .... Alsint
Elementschutzrohr aus .... Alsint
Abkühlungsgeschwindigkeit ...... 22,5° C/min

Nr. der Pendelung	Überhitzung [° C]	%	Unterkühlung [° C]	Bemerkung
1	70		0	
2	142		34	
3	20		31	Schutzrohre bewegt
4	63		30	
5	90		7	
6	146		5	

S 14

Probengewicht .... 120 g
Tiegel aus .... Hartporzellan, glasiert
Elementschutzrohr aus .... Prokorund
Abkühlungsgeschwindigkeit ...... 26° C/min

Nr. der Pendelung	Überhitzung [° C]	Unterkühlung [° C]	Bemerkung
1	150	13	
2	100	23	50 min abstehen lassen
3	116	33	
4	100	33	
5	130	40	
6	155	19	
7	155	26	+ Luft
8	125	2	+ Luft
9	100	17	
10	120	17	
11	70	22	
12	85	35	
13	195	18	
14	70	37	
15	65	40	
16	50	33	

S 19

Probengewicht .... 120 g
Tiegel aus .... MgO
Elementschutzrohr aus .... MgO
Abkühlungsgeschwindigkeit ...... —

Nr. der Pendelung	Überhitzung [°C]	Unterkühlung [°C]	Bemerkung
1	170	4	poröser
2	100	12	MgO-Tiegel
3	135	21	stark verschmutzt
4	82	23	

S 20

Probengewicht .... 120 g
Tiegel aus .... Prokorund
Elementschutzrohr aus .... Prokorund
Abkühlungsgeschwindigkeit ...... —

Nr. der Pendelung	Überhitzung [°C]	Unterkühlung [°C]	Bemerkung
1	87	27	
2	63	47	
3	37	42	
4	108	46	

S 21

Probengewicht .... 120 g
Tiegel aus .... gl Hartporzellan
Elementschutzrohr aus .... gl. Hartporzellan
Abkühlungsgeschwindigkeit ...... —

Nr. der Pendelung	Überhitzung [°C]	Unterkühlung [°C]	Bemerkung
1	140	30	20,8° C/min
2	115	32	* Abkühlung, dann
3	233	47	Aufheizen auf T_0,
4	124	47	dann erneute Ab-
5	150	52*	kühlung 11° C/min
6a	183	48	** 4 min bei 32° C
6b	0	27	Unterkühlung gehalten,
7	126	42**	dann mit 4,2° C/min
8	126	46	abgekühlt

Probengewicht .... 120 g
Tiegel aus .... gl. Hartporzellan
Elementschutzrohr aus .... Prokorund
Abkühlungsgeschwindigkeit ...... —

Nr. der Pendelung	Überhitzung [°C]	Unterkühlung [°C]	Bemerkung
S 25	218	54	
S 26	185	35	
S 27	282	81	
S 28	331	67	
S 29	320	40	
S 30	57	16	
S 31	220	7	
S 32	140	39	

G 1

Probenzahl 8
Probengewicht .... 6–7 g Späne
Tiegel aus .... Quarzglas
Elementschutzrohr aus .... Prokorund
Abkühlungsgeschwindigkeit ...... 17–18° C/min

Nr. der Pendelung	Überhitzung [° C]	Probennummer 1	2	3	4	5	6	7	8	Bemerkung
		Unterkühlung [° C]								
1	140	11	4	29	20	27	–	10	30	
2	210	50	22	45	5	40	–	25	32	
3	210	30	36	46	53	43	–	43	47	
4	205	69	0	51	29	31	–	34	38	
5	205	56	–	–	27	10	20	54	59	
6	250	–	–	–	17	7	20	37	69	
7	222	–	–	–	0	17	13	34	61	

G2

Probenzahl 8
Probengewicht .... 7–8 g in Stücken
Tiegel aus .... Nr. 2, 3, 7 aus Quarz, sonst Prokorund
Elementschutzrohr aus .... Prokorund
Abkühlungsgeschwindigkeit .... 23° C/min

Nr. der Pendelung	Probennummer 1		2		3		4		5		6		7		8	
1	–	–	162	34	138	23	150	32	–	–	173	52	160	33	112	0
2	–	–	200	57	196	54	230	37	–	–	240	70	220	70	198	57
3	–	–	180	74	170	51	165	53	–	–	184	65	173	53	140	67
4	176	45	188	83	195	63	190	51	190	77	205	60	198	70	166	60
5	195	40	210	74	210	68	200	57	198	50	220	70	220	93	183	60
6	225	20	230	34	240	0	230	0	225	67	250	23	245	73	214	64
7	180	64	185	85	190	70	185	71	183	97	200	83	193	83	170	70
8	120	63	130	68	135	28	125	34	123	54	148	67	140	83	110	27
9	290	46	300	74	195	74	285	65	283	101	310	77	305	78	277	77
10	300	51	315	90	310	73	300	45	296	90	325	85	320	74	292	78
11	175	71	190	85	180	68	175	65	173	98	198	57	190	84	163	52
12	170	50	195	79	190	45	170	65	170	60	205	75	198	70	161	20
13	185	46	200	85	195	65	180	47	183	97	210	53	205	80	173	53

G 3

Probenzahl 5
Probengewicht .... 7–8 g in Stücken
Tiegel aus .... Nr. 1, 2, 5 Prokorund; 3, 4 Quarzglas
Elementschutzrohr aus .... Nr. 1, 2, 5 Prokorund; 3, 4 Quarzglas
Abkühlungsgeschwindigkeit ...... 22° C/min

Nr. der	Überhitzung	Probennummer				
Pendelung	[° C]	1	2	3	4	5
1	240	34	27	0	20	20
2	170	40	37	0	16	37
3	310	63	75	15	54	72
4	220	82	70	23	28	78
5	280	71	54	48	45	48
6	250	71	67	51	48	82
7	190	57	49	27	51	80
8	300	80	83	53	39	97
9	300	79	78	54	67	78

G 4

Probenzahl 8
Probengewicht .... 6–8 g
Tiegel aus .... Prokorund
Elementschutzrohr aus .... Prokorund
Abkühlungsgeschwindigkeit ...... 20° C/min

Nr. der	Überhitzung	Probennummer							
Pendelung	[° C]	1	2	3	4	5	6	7	8
1	185	16	0	0	0	14	0	18	0
2	235	29	3	0	12	40	65	5	23
3	345	54	13	27	31	39	34	28	16
4	405	31	52	40	63	62	73	74	23
5	350	84	30	30	43	48	80	38	17
6	385	43	0	0	2	17	58	3	14
7	350	27	40	47	63	63	23	23	28
8	300	37	39	72	43	75	116	4	2
9	270	83	47	83	95	88	106	5	3
10	305	84	45	87	88	85	110	11	20
11	195	80	63	85	78	79	111	11	16
12	515	67	40	55	58	34	50	0	17
13	560	83	34	53	62	62	40	6	3

G 5

Probenzahl 4
Probengewicht .... 30 g
Tiegel aus .... gl. Hartporzellan
Elementschutzrohr aus .... Prokorund
Abkühlungsgeschwindigkeit ...... 20,5° C/min
O_2-Gehalt .... 0,0079% bei Probe

Nr. der Pendelung	Überhitzung [° C]	Probennummer 1	2	3	4	
1	120	25	15	–	43	
2	260	40	28	35	68	
3	165	46	33	41	19	
4	270	43	82	90	60	Bei dieser Versuchsreihe
5	100	48	92	83	75	wurde Kupfer II
6	80	35	86	83	66	als Ausgangsmaterial
7	115	39	100	82	80	verwendet
8	80	35	92	82	75	
9	70	40	88	90	75	
10	130	15	42	61	29	
11	70	15	68	78	46	

G 6

Probenzahl 5
Probengewicht .... 30 g
Tiegel aus .... Hartporzellan
Elementschutzrohr aus .... Prokorund
Abkühlungsgeschwindigkeit ...... 20° C/min

Nr. der Pendelung	Überhitzung [° C]	Probennummer 1	2	3	4	5
1	220	37	–	15	33	3
2	280	39	44	16	41	10
3	210	43	52	50	45	10
4	260	42	55	32	50	16
5	120	32	48	50	64	46
6	110	65	46	62	53	9
7	150	78	37	73	77	6
8	150	49	67	75	67	9
9	140	81	66	60	55	13
10	150	77	68	71	66	15
11	150	83	72	51	77	10
12	150	83	38	72	78	5
13	150	83	72	71	77	12
14	155	81	76	65	36	13
15	165	84	70	70	48	13
16	165	83	56	71	47	13
17	170	87	87	74	60	8
18	170	87	73	65	74	7

G 7

Probenzahl 8
Probengewicht .... 7–8 g
Tiegel aus .... Prokorund
Elementschutzrohr aus .... Prokorund
Abkühlungsgeschwindigkeit .... 21° C/min
O_2-Gehalt 0,009%

Nr. der Pendelung	Überhitzung [° C]	Probennummer 1	2	3	4	5	6	7	8	Bemerkung
		ΔT₋								
1	220	48	67	44	48	33	60	57	52	48 min abstehen lassen
2	220	61	66	53	60	29	62	64	41	
3	220	47	72	45	60	69	57	61	53	30 min abstehen lassen
4	250	75	47	46	62	77	61	50	57	* Abkühlungsgeschwindigkeit 9° C/min
5	180	82	53	46	55	28	46	69	47	
6	220	73	60	15	67	69	56	67	50	** Abkühlungsgeschwindigkeit 4° C/min
7	380	48	29	30	42	57	34	50	68	
8	215	62	54	57	64	47	62	68	57	
9	190	72	51	51	47	68	72	70	63*	
10	200	82	76	69	65	69	63	73	63**	

G 8

Probenzahl 5
Probengewicht .... 30 g
Tiegel aus .... Hartporzellan
Elementschutzrohr aus .... Prokorund
Abkühlungsgeschwindigkeit ...... 20° C/min

Probennummer		1	2	3	4	5
Bemerkungen		neuer Tiegel		gebrauchter Tiegel	bei Fe-haltigen Schmelzen gebrauchter Tiegel	
Nr. der Pendelung	Überhitzung [° C]			ΔT_{-}		
1	185	25	9	16	11	11
2	150	30	18	16	7	10
3	185	37	24	20	14	16
4	200	20	15	–	–	–

G 9

Probenzahl 5
Probengewicht .... 30 g
Tiegel aus .... Hartporzellan
Elementschutzrohr aus .... Prokorund
Abkühlungsgeschwindigkeit ...... 22° C/min

Nr. der Pendelung	Überhitzung [° C]	Probennummer 1	2	3	4	5
				ΔT_{-}		
1	110	18	0	21	30	16
2	115	21	6	48	35	29
3	105	49	28	47	18	58
4	210	28	27	60	19	71
5	220	51	40	65	56	72
6	220	45	35	69	57	68

G 10

Probenzahl 4
Probengewicht .... 30 g
Tiegel aus .... Hartporzellan
Elementschutzrohr aus .... Prokorund
Abkühlungsgeschwindigkeit ...... 20° C/min

Nr. der Pendelung	Überhitzung [° C]	Probennummer 1	2	3	4	
			ΔT_-			
1	185	22	27	–	10	Oberfläche der Proben mit konz. NNO_3 abgebeizt

G 11

Probenzahl 4
Probengewicht .... 30 g
Tiegel aus .... Hartporzellan
Elementschutzrohr aus .... Prokorund
Abkühlungsgeschwindigkeit ...... 20° C/min

		1	2	3	4	Bemerkung
Nr. der Pendelung	Überhitzung [° C]		ΔT_-			
1	165	13	14	18	18	Proben mit Oxydhaut
2	140	9	15	18	18	überzogen

G 12

Probenzahl	2
Probengewicht	30 g
Tiegel aus	Hartporzellan
Elementschutzrohr aus	Prokorund
Abkühlungsgeschwindigkeit	22° C/min

Nr. der Pendelung	Probennummer 1		2	
	ΔT_-			
1	178	5	190	51

G 13

Nr. der Pendelung	Probennumer 1		2	
	ΔT_-			
1	117	15	135	29

G 14

Probenzahl 4
Probengewicht .... 30 g
Tiegel aus .... Hartporzellan
Elementschutzrohr aus .... Prokorund
Abkühlungsgeschwindigkeit ...... 20° C/min

Nr. der Pendelung	Überhitzung [° C]	Probennumer 1	2	3	4
		ΔT_-			
1	67	0	0	10	0
2	217	0	0	0	15
3	200	28	19	0	38
4	215	32	2	21	39
5	210	40	8	50	40

Nr. der Pendelung	1		2		3		4	
	ΔT_+	ΔT_-	ΔT_+	ΔT_-	ΔT_+	ΔT_-	ΔT_+	ΔT_-
6a	210	27*	210	0*	210	38*	210	36*
b		0*	5	26*	— 10	52*	—8	41*
7a	170	27*	170	20*	170	38*	170	27*
b	—10	11*		-	—203	22*		
c	— 3	19*		-	— 11	31*		
d	— 8	12*		-	18	21*		
e	15	45		-	10	60*		
f				-	10	67		

* Schmelze noch nicht erstarrt.

G 15

Probenzahl 5
Probengewicht .... 30 g
Tiegel aus .... unglasiertem Hartporzellan
Elementschutzrohr aus .... Prokorund
Abkühlungsgeschwindigkeit ...... 20° C/min

Probennummer		1	2	3	4	5
Zusatz				Graphitpulver		
Nr.	ΔT_+			ΔT_-		
1	125	29	35	4	51	53
2	180	25	35	10	59	53
3	140	37	37	13	58	53
4	130	16	31	–	59	59
5	130	25	33	7	46	52
6	126	29	32	12	58	58
7	140	22	33	15	63	53
8	165	31	41	15	55	55
9	170	34	29	22	38	47
10	150	–	–	–	57	4

G 16

Probennummer		1	2	3	4	5
Zusatz		C	SiO_2	0,2% Si	0,2% Si	C
Nr.	ΔT_+			ΔT_-		
1	125	6	37	10	23	0
2	140	12	37	14	5	18
3	155	32	30	14	0	16
4	165	13	27	13	4	11
5	160	14	–	14	4	14
6	225	16	31	13	15	10
7	65	28	45	26	16	0
8	120	18	57	12	16	16
9	125	23	57	20	6	7

G 17

Probenzahl 4
Probengewicht .... 30 g
Tiegel aus .... unglasiertem Hartporzellan
Elementschutzrohre aus .... Prokorund
Abkühlungsgeschwindigkeit ...... 20° C/min

Probennummer		1	2	3	4
Zusatz			Graphitpulver		
Nr.	ΔT_+		ΔT_-		
1	116	6	12	2	16
2	140	2	9	23	35
3	140	33	19	31	45
4	120	31	31	17	35
5	107	33	37	39	38
6	123	35	10	43	22
7	140	27	36	27	31
8	173	26	1	32	0
9	126	40	23	42	45
10	117	45	2	0	2
11	134	43	14	0	2
12	150	40	22	15	2
13	126	33	33	25	0

G 18

Probennummer		1	2	3	4
Zusatz			0,2% Magnesium		
Nr.	ΔT_+		ΔT_-		
1		0	8	0	0
2		0	10	21	11
3		11	18	14	18
4		9	23	16	17

G 19

Probenzahl 8
Probengewicht .... 8 g
Tiegel aus .... Prokorund
Elementschutzrohr aus .... Prokorund
Abkühlungsgeschwindigkeit ...... 20° C/min

Probennummer		1	2	3	4	5	6	7	8
Zusatz		Graphitpulver					kein Zusatz		
Nr.	ΔT_+	ΔT_-							
1	135	0	0	0	0	0	0	0	0
2	120	0	0	0	0	0	2	39	0
3a*	200	0	0	0	0	0	33	32	39
3b	— 17	–	–	–	–	–	–	–	30
4a*	–	0	0	0	0	0	54	10	53
4b	— 25	–	–	–	–	–	–	–	35
5	125	0	3	0	0	0	42	42	62
6	180	0	0	0	0	0	27	9	–
7	175	0	0	0	0	0	36	23	27
8a*	180	0	0	0	0	0	50	54	47
8b	— 27	–	–	–	–	–	–	–	53
9a*	170	0	0	0	0	0	47	36	46
9b	— 21	–	–	–	–	–	–	–	57

* Probe 8 wurde vor ihrer Erstarrung durch die Kristallisationswärme der übrigen Proben nochmals aufgeheizt.

G 20

Probennummer		1	2	3	4	5
Zusatz				0,2% Si		
Nr.	ΔT_+			ΔT_-		
1	155	3	5	7	1	4
2	145	0	6	7	1	4
3	145	2	8	7	2	4
4	185	2	8	6	2	4
5	200	3	12	7	4	5
6	230	9	15	3	4	1
7	270	21	16	8	7	5
8	125	11	7	10	3	1
9	110	14	10	10	1	0
10	60	14	10	10	2	5
11	300	18	10	16	14	6
12	300	23	10	8	8	13
13	83	19	18	8	1	22
14	155	20	16	9	12	23
15	50	12	22	12	8	13

Proben mit Titanzusatz

Probenzahl 4
Probengewicht .... 30 g
Tiegel aus .... unglasiertem Hartporzellan
Elementschutzrohr aus .... Prokorund
Abkühlungsgeschwindigkeit ...... 20° C/min

G 21

Probennummer		1	2	3	4
Titanzusatz [%]		0,0005	0,001	0,002	0,005
Nr.	ΔT_+		ΔT_-		
1	120	0	0	0	0
2	130	0	0	0	0
3	230	2	1	0	2
4	220	1	5	1	2
5	100	0	1	3	1

G 22

Probennummer		1	2	3	4
Titanzusatz [%]		Sp.	0,001	0,001	0,002
Nr.	ΔT_+		ΔT_-		
1	210	4	0	1	1
2	230	5	0	0	0
3	190	3	0	0	0

G 23

Probenzahl 5
Probengewicht .... 30 g
Tiegel aus .... unglasiertem Hartporzellan
Elementschutzrohr aus .... Prokorund
Abkühlungsgeschwindigkeit ...... 20° C/min

Probennummer		1	2	3	4	5
Titanzusatz [%]		Sp	0,0005	0,0005	0,0008	0,001
Nr.	ΔT_+			ΔT_-		
1	160	1	0	0	1	0
2	170	4	0	1	0	0
3	305	2	0	2	0	0
4	145	4	0	1	0	–

Proben mit Eisenzusatz

Probenzahl 5
Probengewicht .... 30 g
Tiegel aus .... unglasiertem Hartporzellan
Elementschutzrohr aus .... Prokorund
Abkühlungsgeschwindigkeit ...... 20° C/min

G 24

Probennummer		1	2	3	4	5
Eisengehalt [%]		0,24	0,23	0,44	0,45	0,91
Nr.	ΔT_+	ΔT_- unter Liquidus				
1	140	29	25	0	1	0
2	260	45	28	19	33	11
3	210	14	19	30	40	19
4	170	49	16	43	37	5
5	47	27	31	32	57	15
6	150	40	21	50	55	25
7	240	41	36	47	52	37
8	120	62	28	41	62	34

G 25

Probennummer		1	2	3	4	5
Eisengehalt [%]		0,88	1,25	1,64	2,00	1,99
Nr.	ΔT_+	ΔT_- unter Liquidus				
1	125	8	3	3	7	7
2	240	22	12	13	4	7
3	230	37	12	25	2	7
4	35	31	17	25	4	15
5	16	42	–	–	–	–
6	105	42	11	26	3	11
7	105	39	42	33	2	26
8	125	46	38	39	6	28
9	130	44	27	31	2	32

G 26

Probennumer		1	2	3	4	5
Zusatz Fe [%]		0,5	0,2	0,98	2,2	3,0
Nr.	ΔT_+	ΔT_- unter Liquidus				
1	300	7	10	26	0	0
2	105	24	0	0	0	0
3	140	5	36	25	–	0
4	240	43	37	57	20	0
5	260	33	46	39	10	0
6	205	55	54	46	18	0
7	230	3	3	3	0	0
8	240	47	52	43	16	0
9	220	63	65	47	40	0

Vorlegierung: Cu-10% Fe; Überhitzungstemperatur: 1490° C;
Unterkühlung der primären γ-Kristallisation: 36° C.

G 27

Probennummer		1	2	3	4	5
Eisengehalt [%]		2,56	2,52	2,90	2,91	3,75
Nr.	ΔT_+	ΔT_- unter Liquidus		ΔT_- unter der Peritektikalen		
1	250	0	0	0	0	0
2	175	0	0	0	0	0
3	100	1	0	0	0	0
4	115	2	1	0	0	0
5	115	3	4	0	0	0
6	115	3	3	0	0	–
7	125	3	3	0	0	0
8	95	–	–	–	0	0
9	140	5	3	0	0	0
10	65	1	1	0	0	0
11	330	5	5	0	0	0
12	345	5	4	0	0	0
13	130	5	5	0	0	0

G 28

Probennummer		1	2	3	4	5
Zusatz Fe [%]		1,0	2,5	3,0	3,0	0,5
Nr.	ΔT_+	ΔT_- unter Liquidus				
1	150	2	0	0	0	1
2	125	16	0	0	0	0
3	150	16	0	0	0	0

G 29

Probennummer		1	2	3	4	5
Zusatz		0,38% Fe	0,33% Fe	25% Fe + Fe_3O_4	Fe_3O_4	Fe_3O_4
Nr.	ΔT_+	ΔT_- unter Liquidus				
1	160	12	0	0	12	0
2	140	43	18	0	7	9
3	160	34	19	1	10	11
4	160	21	29	0	12	12
5	165	17	39	0	12	15

G 30

Probennummer		1	2	3	4	5
Zusatz Fe + P [%]		2,5 + 0,5	3,0 + 0,5	1,0 + 0,5	Sp. + 0,5	0 + 0,5
Nr.	ΔT_+	ΔT_- unter Liquidus				
1	273	0	0	31	7	31
2	115	7	0	23	5	37
3	115	5	0	29	26	69
4	22	–	–	8	–	60
5	150	13	0	22	49	53
6	100	14	0	13	45	60
7	150	10	0	20	60	66
8	185	6	0	33	38	67

Ergebnisse der Unterkühlungsmessungen an Eisen

Probengewicht .... 100–120 g
Tiegel aus .... Alsint
Schutzrohr aus .... Alsint
Abkühlungsgeschwindigkeit ...... 35–40° C/min

Versuche an Ferrum reductum

Nr.	Nr. der Pendelung	Überhitzung [° C]	Unterkühlung [° C]
1	1	72	49
	2	146	44
	3	125	187
2	1	130	87
	2	115	175
	3	47	177
	4	66	163
	5	48	120
	6	145	209
3	1	–	–
	2	120	24
	3	140	25
	4	35	20
	5	88	171
	6	88	109
	7	99	95
	8	162	118
	9	231	112
	10	201	136
	11	164	145
	12	155	140
	13	142	146
	14	120	157
	15	66	159
4	1	154	121
	2	142	148
	3	126	59
	4	112	54
	5	99	51
	6	45	22
	7	47	77
	8	178	162
	9	198	144

Nr.	Nr. der Pendelung	Überhitzung [°C]	Unterkühlung [°C]
5	1	59	107
	2	43	99
	3	132	163
6	1	61	21
	2	69	15
	3	75	127
	4	61	107
	5	40	15
	6	45	19
	7	64	90
	8	75	20
	9	78	123
7	1	116	30
	2	157	141
	3	158	145
	4	153	93
	5	140	157
	6	165	99
	7	124	135
8	1	161	0
	2	171	0
	3	158	0
9	1	111	135
	2	106	131
	3	112	61
	4	153	75
	5	223	121
	6	161	156
	7	113	125
	8	74	109
	9	51	27
	10	41	27
	11	54	26
	12	65	28

Nr.	Nr. der Pendelung	Überhitzung [°C]	Unterkühlung [°C]
10	1	97	57
	2	39	39
	3	105	49
	4	61	48
	5	44	41
	6	33	62
	7	35	88
	8	27	31
	9	41	56
	10	69	32
	11	74	32
	12	80	34
	13	91	93
	14	122	88
	15	122	78
	16	157	85
	17	170	46
	18	177	96
	19	184	49
	20	200	52
11	1	114	45
	2	11	31
	3	40	45
	4	42	43
	5	49	44
	6	77	45
	7	77	46
	8	176	81
	9	107	63
	10	120	35
	11	150	69
	12	228	65

Nr.	Nr. der Pendelung	Überhitzung [°C]	Unterkühlung [°C]
12	1	102	34
	2	66	34
	3	22	31
	4	94	38
	5	110	29
	6	111	49
	7	125	103
	8	165	62
	9	237	112
	10	211	39
	11	182	45
	12	147	52
	13	121	84
	14	114	91
	15	66	65
	16	39	66
	17	13	79
	18	6	0
13	1	82	128
	2	89	174
	3	96	171
	4	132	164
	5	151	148
	6	155	86
	7	213	132
	8	35	101
	9	227	89
	10	20	186
	11	59	79

FORSCHUNGSBERICHTE DES LANDES NORDRHEIN-WESTFALEN

Herausgegeben im Auftrage des Ministerpräsidenten Dr. Franz Meyers
von Staatssekretär Prof. Dr. h. c. Dr.-Ing. E. h. Leo Brandt

EISENVERARBEITENDE INDUSTRIE

HEFT 39
Forschungsgesellschaft Blechverarbeitung e. V., Düsseldorf
Aus den Arbeiten des Instituts für Werkzeugmaschinen an der Technischen Hochschule Hannover
Untersuchungen an prägegemusterten und vorgelochten Blechen
1953. 40 Seiten, 34 Abb. DM 9,50

HEFT 43
Forschungsgesellschaft Blechverarbeitung e. V., Düsseldorf
Forschungsergebnisse über das Beizen von Blechen
1953. 41 Seiten, 38 Abb., 3 Tabellen. Vergriffen

HEFT 51
Verein zur Förderung von Forschungs- und Entwicklungsarbeiten in der Werkzeugindustrie e. V., Remscheid
Untersuchungen an Kreissägeblättern für Holz, Fehler- und Spannungsprüfverfahren
1953. 39 Seiten, 23 Abb. DM 10,—

HEFT 56
Forschungsgesellschaft Blechverarbeitung e. V., Düsseldorf
Untersuchungen über einige Probleme der Behandlung von Blechoberflächen
1953. 41 Seiten, 42 Abb. DM 11,20

HEFT 60
Forschungsgesellschaft Blechverarbeitung e. V., Düsseldorf
Untersuchungen über das Spritzlackieren im elektrostatischen Hochspannungsfeld
1954. 82 Seiten, 53 Abb., 7 Tabellen. Vergriffen

HEFT 61
Verein zur Förderung von Forschungs- und Entwicklungsarbeiten in der Werkzeugindustrie e. V., Remscheid
Schwingungs- und Arbeitsverhalten von Kreissägeblättern für Holz I
1953. 43 Seiten, 31 Abb. DM 11,40

HEFT 65
Fachverband Schneidwarenindustrie, Solingen
Untersuchungen über das elektrolytische Polieren von Tafelmesserklingen aus rostfreiem Stahl
1954. 79 Seiten, zahlreiche Abb., 9 Tabellen. DM 17,35

HEFT 87
Gemeinschaftsausschuß Verzinken, Düsseldorf
Untersuchungen über Güte von Verzinkungen
1954. 56 Seiten, 56 Abb., 3 Tabellen. Vergriffen

HEFT 98
Fachverband Gesenkschmieden, Hagen
Die Arbeitsgenauigkeit beim Gesenkschmieden unter Hämmern
1954. 117 Seiten, 55 Abb., 9 Tabellen. DM 24,75

HEFT 116
Prof. Dr.-Ing. E. Siebel und Dr.-Ing. Helmut Weiss, Stuttgart
Untersuchungen an einigen Problemen des Tiefziehens — I. Teil
1955. 59 Seiten, 50 Abb., 6 Tabellen. DM 14,50

HEFT 117
Dr.-Ing. H. Beißwänger, Stuttgart und Dr.-Ing. S. Schwandt, Trier
Untersuchungen an einigen Problemen des Tiefziehens — II. Teil
1954. 77 Seiten, 34 Abb., 8 Tabellen. DM 17,70

HEFT 150
Prof. Dr.-Ing. Otto Kienzle und Dipl.-Ing. F. Wilhelm Timmerbeil, Hannover
Das Durchziehen enger Kragen an ebenen Fein- und Mittelblechen
1955. 39 Seiten, 20 Abb., 8 Tabellen. DM 11,30

HEFT 177
Dipl.-Ing. Hans Stüdemann, Solingen und Dr.-Ing. W. Müchler, Essen
Entwicklung eines Verfahrens zur zahlenmäßigen Bestimmung der Schneideigenschaften von Messerklingen
1956. 92 Seiten, 68 Abb., 4 Tabellen. DM 22,20

HEFT 224

Dipl.-Ing. Hans Stüdemann und Ing. R. Beu, Forschungsinstitut für die Schneidwarenindustrie an der Fachschule für Metallgestaltung und Metalltechnik Solingen

Verfahren zur Prüfung der Korrosionsbeständigkeit von Messerklingen aus rostfreiem Stahl

1956. 82 Seiten, 28 Abb. DM 16,90

HEFT 225

Dr.-Ing. Eginhard Barz, Remscheid

Der Spannungszustand von Gattersägeblättern

1956. 63 Seiten, 54 Abb. DM 16,50

HEFT 277

Dr.-Ing. W. Müchler, Forschungsinstitut für Metallgestaltung und Metalltechnik, Solingen
Direktor: Dipl.-Ing. Hans Stüdemann

Untersuchung und zahlenmäßige Bestimmung der Schneideigenschaften von Messern mit besonderer Berücksichtigung rostfreier Messerstähle

1956. 47 Seiten, 27 Abb., 5 Tabellen. DM 13,20

HEFT 283

Prof. Dr. phil. Franz Wever und
Dr.-Ing. Werner Lueg, Max-Planck-Institut für Eisenforschung, Düsseldorf

Warmstauchversuche zur Ermittlung der Formänderungsfestigkeit von Gesenkschmiede-Stählen

1956. 31 Seiten, 19 Abb. DM 9,90

HEFT 285

Prof. Dr.-Ing. Otto Kienzle, Dr.-Ing. Kurt Lange und Dipl.-Ing. Helmut Meinert, Institut für Werkzeugmaschinen und Umformtechnik der Technischen Hochschule Hannover

Einfluß der Oberfläche auf das Verschleißverhalten von Schmiedegesenken

1956. 50 Seiten, 29 Abb., 8 Tabellen. DM 14,60

HEFT 286

Dr.-Ing. Kurt Lange, Dipl.-Ing. Helmut Meinert, unter Mitarbeit von Dr.-Ing. Heinz Arend, Institut für Werkzeugmaschinen und Umformtechnik der Technischen Hochschule Hannover

Verschleißverhalten hartverchromter Schmiedegesenke

1956. 62 Seiten, 53 Abb., 6 Tabellen. DM 17,65

HEFT 321

Prof. Dr. phil. Franz Wever und
Dr. phil. Wolfgang Wepner, Max-Planck-Institut für Eisenforschung, Düsseldorf

Gleichzeitige Bestimmung kleiner Kohlenstoff- und Stickstoffgehalte im α-Eisen durch Dämpfungsmessung

1956. 17 Seiten, 4 Abb., 3 Tabellen. DM 6,80

HEFT 322

Prof. Dr.-Ing. Franz Bollenrath und
Dipl.-Ing. Wilhelm Domke, Aachen

Eigenspannungen in vergüteten, dickwandigen Stahlzylindern nach Oberflächenhärtung mit induktiver Erwärmung

1956. 17 Seiten, 9 Abb., 2 Tabellen. DM 6,90

HEFT 360

Dr.-Ing. Eginhard Barz, Remscheid

Fertigungsverfahren und Spannungsverlauf bei Kreissägeblättern für Holz

1957. 68 Seiten, 40 Abb., DM 17,—

HEFT 367

Dr. rer. nat. Dietrich Horstmann, Max-Planck-Institut für Eisenforschung und Gemeinschaftsausschuß Verzinken, Düsseldorf

Der Angriff eisengesättigter Zinkschmelzen auf kohlenstoff-, schwefel- und phosphorhaltiges Eisen

1957. 42 Seiten, 22 Abb., 6 Tabellen. DM 12,85

HEFT 375

Technischer Überwachungs-Verein e. V., Essen

Wanddickenmessungen mittels radioaktiver Strahlen und Zählrohrgerät

1958. 24 Seiten, 15 Abb. DM 9,55

HEFT 376

Technischer Überwachungs-Verein e. V., Essen

Wasserumlaufprobleme an Hochdruckkesseln

1958. 126 Seiten, 56 Abb., 8 Tabellen. DM 32,60

HEFT 377

Technischer Überwachungs-Verein e. V., Essen

Versuche an Wanderrostkesseln mit befeuchteter Verbrennungsluft

1958. 35 Seiten, 19 Abb., 2 Tabellen. DM 12,20

HEFT 395

Dipl.-Ing. Ludwig Hahn, Clausthal-Zellerfeld

Untersuchungen zur Frage des optimalen Bohrloch- und Patronendurchmessers

1957. 119 Seiten, 49 Abb., 19 Tabellen. DM 31,25

HEFT 445

Dr. Ing. Eginhard Barz, Remscheid

Fertigungs- und Prüfverfahren für Feilen

Vergriffen

HEFT 447

Prof. Dr.-Ing. Franz Bollenrath, Aachen
Dr.-Ing. H. Füllenbach, Seesen und
Dipl.-Ing. J. Schumacher

Entwicklung rationell arbeitender Spritzkabinen

1958. 44 Seiten, 26 Abb. Vergriffen

HEFT 473

Prof. Dr. phil. Franz Wever, Dr.-Ing. Werner Lueg und Dipl.-Ing. Paul Funke jr., Max-Planck-Institut für Eisenforschung, Düsseldorf

Versuche an einer hydraulischen 25-t-Stangenziehbank

1957. 22 Seiten, 11 Abb. DM 8,95

HEFT 557
Dr.-Ing. Hans Schiffers, Dipl.-Ing. Dieter Ammann, Dipl.-Ing. Erich Brugger und Dipl.-Ing. Rudolf Dicke, Gießerei-Institut der Rhein.-Westf. Technischen Hochschule Aachen
Härtbarkeit von Gußeisen mit Lamellen- und Kugelgraphit in Abhängigkeit von Zusammensetzung und Gefüge
1958. 29 Seiten, 24 Abb., 1 Tabelle. DM 11,—

HEFT 630
Prof. Dr. phil. Walter Koch und Dr. techn. Dipl.-Ing. Hanns Malissa, Max-Planck-Institut für Eisenforschung, Düsseldorf
Beiträge zur Spurenanalyse im Reinsteisen
1958. 25 Seiten, 8 Tabellen. DM 7,60

HEFT 639
Prof. Dr.-Ing. habil. Karl Krekeler, Dr.-Ing. Heinz Peukert und Dipl.-Ing. Otto Schwarz, Institut für Kunststoffverarbeitung an der Rhein.-Westf. Technischen Hochschule Aachen
Auswertung der in- und ausländischen Literatur auf dem Gebiete des Metallklebens
1958. 152 Seiten. Vergriffen

HEFT 655
Dr. rer. pol. A. Theodor Wuppermann, Prof. Dr.-Ing. M. Pfender und Reg.-Rat Dipl.-Ing. E. Amedick, Im Auftrage des Vereins Deutscher Eisenhüttenleute, Düsseldorf
Untersuchung des Einflusses von Oberflächenfehlern auf die Dauerhaltbarkeit von Kurbelwellen
1958. 48 Seiten, 101 Abb., 4 Tabellen. DM 10,—

HEFT 680
Prof. Dr. phil. Walter Koch, Dr.-Ing. Angelika Schrader, Dr.-Ing. habil. Alfred Krisch und Dipl.-Phys. Helmut Rohde, Max-Planck-Institut für Eisenforschung, Düsseldorf
Änderungen im Gefügeaufbau austenitischer Chrom-Nickel-Stähle bei Zeitstandversuchen von mehrjähriger Dauer
1959. 37 Seiten, 23 Abb., 5 Tabellen. DM 12,20

HEFT 681
Prof. Dr.-Ing. Dr.-Ing. E. h. Hermann Schenk und Dr.-Ing. Werner Wenzel, Institut für Eisenhüttenwesen der Rhein.-Westf. Technischen Hochschule Aachen
Die Reduktion von Eisenerzen im Elektro-Fließbett
1959. 76 Seiten, 20 Abb., 12 Tabellen. DM 19,60

HEFT 693
Prof. Dr.-Ing. Otto Kienzle, Dr.-Ing. Friedrich Wilhelm Timmerbeil und Dr.-Ing. Thomas Jordan, Hannover
Einige Untersuchungen über das Schneiden von Blechen
1959. 55 Seiten, 54 Abb., 3 Tabellen. DM 17,40

HEFT 702
Prof. Dr. phil. Walter Koch und Dipl.-Phys. Dr. rer. nat. Hans Lüdering, Max-Planck-Institut für Eisenforschung, Düsseldorf
Statistische Auswertung von Thomasroheisenproben guter und schlechter Verblasbarkeit
1959. 20 Seiten, 3 Abb., 3 Tabellen. DM 6,50

HEFT 703
Prof. Dr. phil. Walter Koch und Dipl.-Phys. Dr. phil. Heinz Sundermann, Max-Planck-Institut für Eisenforschung, Düsseldorf
Isolierungstechnische Untersuchungen an Thomasroheisen
1959. 28 Seiten, 16 Abb., 1 Tabelle. DM 9,—

HEFT 705
Dr.-Ing. Karl Ernst Mayer, Dr.-Ing. Helmut Knüppel, Ing. Arthur Stumpf, Dortmund-Hörder-Hüttenunion AG., Dortmund, und Prof. Dr. phil. Walter Koch, Max-Planck-Institut für Eisenforschung, Düsseldorf
Wege zur automatischen Überwachung des Thomasverfahrens
1959. 56 Seiten, 20 Abb., 7 Tabellen. DM 14,80

HEFT 714
Prof. Dr.-Ing. Wilhelm Patterson, Gießerei-Institut der Rhein.-Westf. Technischen Hochschule Aachen
Wirkung einer Gasspülung auf den Magnesiumverbrauch bei der Herstellung von Gußeisen mit Kugelgraphit
1959. 44 Seiten, 35 Abb., 14 Tabellen. DM 13,40

HEFT 728
Dr.-Ing. Klaus Spies, Dortmund
Die Zwischenformen beim Gesenkschmieden und ihre Herstellung durch Formwalzen
1959. 113 Seiten, 61 Abb., 2 Tabellen. DM 29,60

HEFT 740
Dr. rer. nat. Dietrich Horstmann, Max-Planck-Institut für Eisenforschung und Gemeinschaftsausschuß Verzinken, Düsseldorf
Einfluß einiger Eisen- und Zinkbegleiter auf Größe und Art des Zinkangriffs auf Eisen
1959. 38 Seiten, 22 Abb., 1 Tabelle. DM 12,60

HEFT 741
Dipl.-Ing. Hans Stüdemann, Dipl.-Ing. Fritz Esselborn und Ing. Hermann Hartmann, Forschungsinstitut an der Fachschule für Metallgestaltung und Metalltechnik, Solingen
Untersuchungen zur Prüfung der Korrosionsbeständigkeit rostbeständiger Besteckbleche aus Chromstahl
1959. 31 Seiten, 30 Abb., 4 Tabellen. DM 10,30

HEFT 742
Dr.-Ing. Eginhard Barz, Verein zur Förderung von Forschungs- und Entwicklungsarbeiten in der Werkzeugindustrie e. V., Remscheid
Schneideigenschaften von schneidenden Zangen und Prüfverfahren
1959. 66 Seiten, 40 Abb., 4 Tabellen. DM 18,40

HEFT 757
Dr.-Ing. Angelika Schrader und
Dr.-Ing. habil. Alfred Krisch, Max-Planck-Institut für Eisenforschung, Düsseldorf
Mikroskopische Beobachtungen von Ausscheidungen in austenitischen und ferritischen Stählen nach dem Kriechversuch
1959. 21 Seiten, 22 Abb., 1 Tabelle. DM 8,60

HEFT 780
Prof. Dr. phil. Franz Wever, Dr.-Ing. Werner Lueg und Dr.-Ing. Paul Funke, Max-Planck-Institut für Eisenforschung, Düsseldorf
Untersuchung von Walzölen und Walzölemulsionen im Kaltwalzversuch
1959. 68 Seiten, 28 Abb., mehr. Tabellen. DM 18,50

HEFT 781
Verein zur Förderung von Forschungs- und Entwicklungsarbeiten in der Werkzeugindustrie e. V., Remscheid
Verformungseinflüsse bei der Feilenherstellung
1959. 65 Seiten, 39 Abb. DM 20,—

HEFT 840
Prof. Dr. phil. Franz Wever,
Dr.-Ing. Hans-Günter Müller und
Dr.-Ing. Paul Funke, Max-Planck-Institut für Eisenforschung, Düsseldorf
Versuchsmäßige und rechnerische Bestimmung von Walzkraft und Drehmoment unter Einwirkung von Bandzugspannungen beim Kaltwalzen von Bandstahl
1960. 36 Seiten, 12 Abb., 3 Tafeln. DM 10,90

HEFT 841
Dr. rer. nat. Hubert Blanck, Max-Planck-Institut für Eisenforschung, Düsseldorf
Untersuchungen zur Kinetik des Martensitzerfalls
1960. 33 Seiten, 11 Abb., kart. DM 10,30

HEFT 848
Dipl.-Ing. Hans-Jochen Stöter, Institut für Werkzeugmaschinen und Umformtechnik der Technischen Hochschule Hannover
Untersuchung des Schmiedevorganges in Hammer und Presse, insbesondere hinsichtlich des Steigens
1960. 133 Seiten, 62 Abb., 8 Tabellen. DM 35,60

HEFT 889
Dr.-Ing. Werner Hufschmidt, Lehrstuhl für Heizung und Lüftung an der Rhein.-Westf. Technischen Hochschule Aachen
Die Eigenschaften von Rippenrohrluftkühlern im Arbeitsbereich der Klimaanlage
1960. 125 Seiten, 37 Abb. DM 33,30

HEFT 890
Dr.-Ing. Heinz Meyer, Institut für Werkzeugmaschinen und Umformtechnik, Technische Hochschule Hannover
Untersuchungen über den Umformvorgang in Waagerecht-Stauchmaschinen
1960. 75 Seiten, 61 Abb., 3 Tabellen. DM 21,90

HEFT 916
Dipl.-Ing. Hans-Joachim Crasemann, Forschungsstelle Blechbearbeitung am Institut für Werkzeugmaschinen und Umformtechnik der Technischen Hochschule Hannover
Direktor: Prof. Dr.-Ing. Dr.-Ing. E. h. Otto Kienzle
Der offene, kreuzende Scherschnitt an Blechen
1960. 138 Seiten, 66 Abb., 10 Tabellen. DM 40,70

HEFT 1000
Dipl.-Ing. Hartmut Tolkien, Institut für Werkzeugmaschinen und Umformtechnik der Technischen Hochschule Hannover
Direktor: Prof. Dr.-Ing. Dr.-Ing. E. h. Otto Kienzle
Schmierwirkungen in Schmiedegesenken
1961. 150 Seiten, 75 Abb., 2 Tabellen, 1 Anhang. DM 44,90

HEFT 1004
Dr.-Ing. Eginhard Barz, Verein zur Förderung von Forschungs- und Entwicklungsarbeiten in der Werkzeugindustrie e. V., Remscheid
Untersuchung von Schraubendrehern und Schraubenverbindungen
1961. 68 Seiten, 26 Abb., 12 Tabellen. DM 22,30

HEFT 1027
Dr.-Ing. Eginhard Barz, Verein zur Förderung von Forschungs- und Entwicklungsarbeiten in der Werkzeugindustrie e. V., Remscheid
Prüfung von Feilen
1961. 57 Seiten, 23 Abb., 7 Tabellen. DM 20,50

HEFT 1028
Dr.-Ing. Siegfried Stendorf, Verein zur Förderung von Forschungs- und Entwicklungsarbeiten in der Werkzeugindustrie e. V., Remscheid
Das Gleitstauchen von Schneidezähnen an Sägen für Holz
1961. 138 Seiten, 85 Abb., 9 Tabellen. DM 47,10

HEFT 1056
Dr.-Ing. Oskar Pawelski und Dr.-Ing. Werner Lueg †, Max-Planck-Institut für Eisenforschung, Düsseldorf
Der Spannungszustand beim Ziehen und Einstoßen von runden Stangen
1962. 106 Seiten, 35 Abb., 10 Tabellen. DM 33,60

HEFT 1089
Direktor Dipl.-Ing. Hans Stüdemann und
Dr.-Ing. Fritz Esselborn, Forschungsinstitut an der Fachschule für Metallgestaltung und Metalltechnik, Solingen
Untersuchungen über den Einfluß der Zusammensetzung und Gefügeausbildung auf das Härtungsverhalten des Stahles X 40 Cr 13
1962. 37 Seiten, 37 Abb., 8 Tabellen. DM 17,—

HEFT 1091
Dipl.-Ing. Kurt Buchmann, Forschungsgesellschaft Blechverarbeitung e. V., Düsseldorf
Beitrag zur Verschleißbeurteilung beim Schneiden von Stahlfeinblechen
1962. 126 Seiten, 77 Abb. DM 71,40

HEFT 1129
Prof. Dr.-Ing. Joseph Mathieu, Forschungsinstitut für Rationalisierung an der Rhein.-Westf. Technischen Hochschule, Aachen, im Auftrage des Fachverbandes Gesenkschmieden im Wirtschaftsverband Stahlverformung, Hagen
Richtwerte für eine Platzkostenrechnung in der Gesenkschmiedeindustrie
1963. 54 Seiten, 7 Tabellen, 52 Seiten tabellarischer Anhang. DM 63,30

HEFT 1140
Direktor Dipl.-Ing. Hans Stüdemann und Dipl.-Ing. Fritz Esselborn, Forschungsinstitut an der Fachschule für Metallgestaltung und Metalltechnik, Solingen
Einflüsse der Prüfbedingungen auf die Ergebnisse von Schneideigenschaftsprüfungen an Messern
1962. 33 Seiten, 24 Abb. DM 14,80

HEFT 1162
Prof. Dr.-Ing. Dr.-Ing. E. h. Otto Kienzle und Dipl.-Ing. Manfred Meyer, im Auftrage der Forschungsgesellschaft Blechverarbeitung e. V., Düsseldorf
Verfahren zur Erzielung glatter Schnittflächen beim vollkantigen Schneiden von Blech
1963. 114 Seiten, 71 Abb., 6 Tabellen. DM 60,40

HEFT 1164
Dr.-Ing. Eginhard Barz u. a., Verein zur Förderung von Forschungs- und Entwicklungsarbeiten in der Werkzeugindustrie e. V., Remscheid
Teil I: Arbeitsverhalten von scheibenförmigen Werkzeugen
Teil II: Schnittversuche von verleimten Holzwerkzeugen
1963. 90 Seiten, 16 Abb., 6 Tabellen. DM 44,80

HEFT 1171
Prof. Dr.-Ing., Dr.-Ing E. h. Otto Kienzle und Dipl.-Ing. Kurt Haverbeck, Hannover, im Auftrage der Forschungsgesellschaft Blechverarbeitung e. V., Düsseldorf
Das Herstellen von Außenborden an Blechteilen zwischen Stempel und Ring
1963. 96 Seiten, 58 Abb. DM 54,50

HEFT 1347
Dr. rer. nat. Dietrich Horstmann, Max-Planck-Institut für Eisenforschung und Gemeinschaftsausschuß Verzinken, Düsseldorf
Allgemeine Gesetzmäßigkeiten des Einflusses von Eisenbegleitern auf die Vorgänge beim Feuerverzinken

HEFT 1348
Prof. Dr.-Ing. Dr. h. c. Herwart Opitz, Dr.-Ing. Wilfried König und Dipl.-Ing. D. Neumann Laboratorium für Werkzeugmaschinen und Betriebslehre der Rhein.-Westf. Technischen Hochschule Aachen
Einfluß verschiedener Schmelzen auf die Zerspanbarkeit von Gesenkschmiedestücken
In Vorbereitung

HEFT 1349
Dr.-Ing. Tin Ming Wu, Forschungsstelle Gesenkschmieden an der Technischen Hochschule Hannover
Untersuchungen über das Auftragsschweißen von Gesenken für Schmiedestücke aus Stahl
In Vorbereitung

HEFT 1350
Prof. Dr. phil. Karl Löhberg, Dipl.-Ing. Klaus Röhrig und Dr.-Ing. Peter Sahm, Institut für Gießereikunde der Technischen Universität, Berlin
Über die Keimbildung in unlegiertem Kupfer und unlegiertem Eisen
In Vorbereitung

HEFT 1352
Direktor Dipl.-Ing. Hans Stüdemann und Dr.-Ing. Fritz Esselborn, Forschungsinstitut an der Fachschule für Metallgestaltung und Metalltechnik, Solingen
Die Ergebnisse von Schneideigenschaftsprüfungen an Messern unter Berücksichtigung des Einflusses der geometrischen Form des Messers und des Einflusses der Karbidverteilung und -größe im Werkstoff
In Vorbereitung

HEFT 1353
Direktor Dipl.-Ing. Hans Stüdemann und Dr.-Ing. Fritz Esselborn, Forschungsinstitut an der Fachschule für Metallgestaltung und Metalltechnik, Solingen
Untersuchungen über den Einfluß unterschiedlicher Herstellungsverfahren auf die Qualität rostbeständiger Messer
In Vorbereitung

HEFT 1354
Direktor Dipl.-Ing. Hans Stüdemann und Dr.-Ing. Fritz Esselborn, Forschungsinstitut an der Fachschule für Metallgestaltung und Metalltechnik, Solingen
Untersuchungen über den Einfluß der Wärmebehandlung in Zusammenhang mit unterschiedlicher Herstellung auf die Eigenschaften von rostbeständigen Messern
In Vorbereitung

HEFT 1355
Dr.-Ing. habil. Alfred Krisch, Max-Planck-Institut für Eisenforschung, Düsseldorf
Kriechverhalten, Gefügeänderungen und Risse bei mehrjährigen Zeitstandversuchen

HEFT 1381

Dr.-Ing. Heinz Meyer-Nolkemper, Forschungsstelle Gesenkschmieden an der Technischen Hochschule Hannover

Im Auftrag des Fachverbandes Gesenkschmieden im Wirtschaftsverband Stahlverformung, Hagen

Dornen in Waagerecht-Stauchmaschinen

In Vorbereitung

HEFT 1413

Dr. rer. nat. Dietrich Horstmann und Dipl.-Ing. Ulrich Krause, Max-Planck-Institut für Eisenforschung und Gemeinschaftsausschuß Verzinken, Düsseldorf

Einfluß von Oberflächenrauhheit und Glühbehandlung auf die Güte verzinkter Bleche

In Vorbereitung

HEFT 1421

Dr.-Ing. H. Füllenbach, H. Lange, H. Parthey und I. N. Stanski, Forschungsgesellschaft Blechverarbeitung e. V., Düsseldorf

Metallurgische und technologische Untersuchungen an Weichloten

In Vorbereitung

Verzeichnisse der Forschungsberichte aus folgenden Gebieten können beim Verlag angefordert werden: Acetylen/Schweißtechnik – Arbeitswissenschaft – Bau/Steine/Erden – Bergbau – Biologie – Chemie – Eisenverarbeitende Industrie – Elektrotechnik/Optik – Energiewirtschaft – Fahrzeugbau/Gasmotoren – Farbe/Papier/Photographie – Fertigung – Funktechnik/Astronomie – Gaswirtschaft – Holzbearbeitung – Hüttenwesen/Werkstoffkunde – Kunststoffe – Luftfahrt/Flugwissenschaften – Luftreinhaltung – Maschinenbau – Mathematik – Medizin/Pharmakologie/NE-Metalle – Physik – Rationalisierung – Schall/Ultraschall – Schiffahrt – Textiltechnik/Faserforschung/Wäschereiforschung – Turbinen – Verkehr – Wirtschaftswissenschaft

WESTDEUTSCHER VERLAG · KÖLN UND OPLADEN
567 Opladen/Rhld., Ophovener Straße 1–3

GPSR Compliance

The European Union's (EU) General Product Safety Regulation (GPSR) is a set of rules that requires consumer products to be safe and our obligations to ensure this.

If you have any concerns about our products, you can contact us on ProductSafety@springernature.com

In case Publisher is established outside the EU, the EU authorized representative is:

Springer Nature Customer Service Center GmbH
Europaplatz 3
69115 Heidelberg, Germany

Batch number: 10584556

Printed by Printforce, the Netherlands